FENXI HUAXUE SHIYAN

分析化学实验

刘根起　主编

西北工業大學出版社

西　安

【内容简介】 本书系统介绍了分析化学实验室安全知识和分析化学实验基础知识，详细介绍了定量化学分析基本操作，包括分析天平称量基本操作、滴定分析基本操作和重量分析基本操作等。书中有基础分析化学实验、综合性和创新性实验共34个，自拟方案设计性实验备选项目12个。实验内容广泛，涉及定量分析基本操作实验、酸碱滴定、络合滴定、氧化还原滴定、沉淀滴定和重量分析、光度分析以及分离分析等。

本书内容全面，层次多样，可作为高等学校化学、化工、应用化学、材料、环境、生物、医学、冶金及食品等专业的分析化学实验教材，也可供从事相关工作的专业技术人员学习和参考。

图书在版编目(CIP)数据

分析化学实验/刘根起主编．—西安：西北工业大学出版社，2018.3

ISBN 978-7-5612-5898-9

Ⅰ.①分… Ⅱ.①刘… Ⅲ.①分析化学—化学实验—高等学校—教材 Ⅳ.①O652.1

中国版本图书馆CIP数据核字(2018)第052074号

策划编辑：雷　军　查秀婷
责任编辑：张珊珊

出版发行：西北工业大学出版社
通信地址：西安市友谊西路127号　　**邮编**：710072
电　　话：(029)88493844　88491757
网　　址：www.nwpup.com
印 刷 者：兴平市博闻印务有限公司
开　　本：787 mm×1 092 mm　　1/16
印　　张：10
字　　数：236千字
版　　次：2018年3月第1版　　2018年3月第1次印刷
定　　价：30.00元

前　　言

分析化学实验是化学、化工、材料、环境及生物医学等专业的实验基础课程之一，通过该课程的学习，可使学生掌握分析化学的基本操作技能，提高动手能力，培养分析问题、解决问题和独立工作能力，在培养实事求是的科学态度和严谨的工作作风方面起着重要的作用。

本书是笔者在长期的教学实践基础上，根据分析化学实验教学的实际情况，结合近年来分析化学的新发展、新要求和教学改革成果编写而成的，具有以下特色：

(1)实验内容分层次编写，即基础分析化学实验、综合性和创新性实验以及自拟方案设计性实验三个层次，分别侧重培养学生的基本操作技能、运用所学知识进行综合实验的能力和初步具备独立科学研究的素质和意识。

(2)实验内容广泛，涉及一般化学试样、生物试样、药物试样及环境试样等的测试，力图做到教学内容的更新，既重视基本操作规范，又符合学科发展的特点和趋势，强调对学生综合素质的提高和“通才”教学目标的实现。

(3) 将我们的科研成果转化为创新性实验，如将《5 - Br - PADMA 分光光度法测定微量铜》和《目视催化动力学法测定钼(Ⅵ)》引入教材中，启发学生的科研创新精神。

此外，鉴于计算机数据处理软件的飞速发展，部分实验中引入 Origin 软件处理实验数据，开拓学生视野。

使用本书作为教材时，可以根据学时数和实验的简繁情况，可一次安排一个或两个内容相关的实验。

本书由刘根起担任主编，吕玲、辛文利、刘建勋参与了第一章和第二章的部分编写工作。本书是西北工业大学规划教材立项项目，获得了西北工业大学教务处和出版社的大力支持；此外，西北工业大学基础化学教学组的各位老师也对本书的编写提出了宝贵意见，在此一并表示感谢！编写本书时参阅了相关文献资料，在此，谨向其作者深表谢意。

由于水平有限，书中难免有错误或疏漏之处，敬请读者批评指正。

编　者

2017 年 12 月

目　录

第一章 分析化学实验室安全知识

1.1 学生实验守则

(1)实验室是教学和科研的重要基地,学生进入实验室做实验必须严格遵守实验室各项规章制度,服从指导教师和实验技术人员的管理。

(2)实验前必须做好预习,明确实验目的、内容和步骤,了解仪器、设备的操作规程和实验药品、试剂的特性。爱护仪器,节约试剂。

(3)按时上实验课,进入实验室要做到衣冠整齐,不把与实验课无关的物品带进实验室。

(4)在实验室内不准喧哗、打闹和吸烟,不准乱丢杂物。

(5)实验过程中,应严格遵守操作规程,认真观察并如实记录。实验后,如实完成实验报告。

(6)实验时要注意安全,防止发生意外。若发生事故,应及时向实验指导老师报告,并采取相应的措施,减少事故造成的损失。

(7)实验完毕,将玻璃仪器洗净,设备复位,整理实验台面,打扫实验室,关闭相关水、电、气,经实验指导教师允许后方可离开。

1.2 化学实验室的一般安全知识

在分析化学实验中经常使用腐蚀性的、易燃、易爆或有毒的化学试剂等,为确保实验的正常进行和人身安全,必须严格遵守以下安全规则。

(1)实验室内严禁饮食、吸烟。接触过化学药品后,应立即洗手。水、电、燃气等使用完毕后,应立即关闭。离开实验室时,应仔细检查水、电、气瓶、煤气、门、窗是否已关好。

(2)使用电器设备时,应特别细心,切不可用湿润的手去开启电闸和电器开关。凡是漏电的仪器不要使用,以免触电。

(3)加热或进行剧烈反应时,人不得离开。

(4)使用精密仪器时,应严格遵守操作规程。仪器使用完毕后,将仪器各旋钮恢复到原来位置,关闭电源,拔出插头。

(5)取用试剂后应立即盖好试剂瓶盖。绝不可将取出的试剂倒回原试剂瓶内。

(6)汞盐、砷化物、氰化物等剧毒物品,使用时应特别小心。氰化物不得接触酸,否则会产生剧毒的氰化氢气体!氰化物废液应倒入碱性亚铁盐溶液中,使其转化为亚铁氰化铁盐,然后作废液处理,严禁直接倒入下水道或废液缸中。接触过有毒化学药品后,应立即洗手。

(7)将玻璃管或温度计插入塞子前,要用水或适当的润滑剂加以润湿,再用毛巾包住玻璃管或温度计插入塞子。操作时两手不要分开太远,以免玻璃折断划伤手。

(8)闻气味时应用手小心地把气体或烟雾扇向鼻子。取浓的 HNO_3、HCl、H_2SO_4、$HClO_4$ 以及氨水等易挥发试剂时，应在通风橱中操作。开启瓶盖时，绝不可将瓶口对着自己或他人！夏季打开浓氨水瓶盖时，最好先用自来水流水冷却。涉及有毒气体(如硫化氢)操作时，一定要在通风橱中进行。

(9)浓酸、浓碱具有腐蚀性，使用时切勿溅在皮肤和衣服上。配制酸溶液时，应将浓酸稀释于水中，而不得将水注入浓酸中。如不小心将酸或碱溅到皮肤上或眼睛内，应立即用大量水冲洗，然后用 50 $g \cdot L^{-1}$ 碳酸氢钠溶液(酸腐蚀时采用)或 50 $g \cdot L^{-1}$ 硼酸溶液(碱腐蚀时采用)冲洗，最后用水冲洗。

(10)使用 CCl_4、乙醚、苯、丙酮、三氯甲烷等易燃易挥发有机溶剂时，一定要远离火焰和热源。用后确保试剂瓶盖严，放在阴凉处保存。如实验需加热，低沸点的有机溶剂应在水浴上加热，严禁直接在火焰上或热源(煤气灯或电炉)上加热。

(11)下列实验应在通风橱内进行操作：

1)使用或生成具有刺激性的、恶臭的或有毒的气体(如 H_2S、NO_2、Cl_2、Br_2、CO、SO_2 以及 HF 等)。

2)加热或蒸发浓 HNO_3、HCl、H_2SO_4 等溶液。

3)溶解或消化试样。

4)热、浓的 $HClO_4$ 遇有机物常易发生爆炸。使用 $HClO_4$ 处理有机试样时，应先用浓硝酸加热(使之与有机物发生反应)，待有机物被破坏后，再加入 $HClO_4$。蒸发 $HClO_4$ 所产生的烟雾易在通风橱中凝聚，如经常使用 $HClO_4$ 的通风橱应定期用水冲洗，以免 $HClO_4$ 的凝聚物与尘埃、有机物作用，引起燃烧或爆炸，造成事故。

(12)如受化学灼伤，应立即用大量水冲洗，同时脱去受污染的衣服；眼睛受化学灼伤或异物入眼，应立即将眼睛睁开，用大量水冲洗，至少持续 15 min；如烫伤，可在烫伤处抹上黄色的苦味酸溶液或烫伤软膏。严重者应立即送医院治疗。

(13)实验产生的废液，禁止直接倒入下水道。应按分类小心倒入相应的废液桶收集，集中处理。

(14)实验室应保持室内整齐、干净。不能将毛刷、抹布扔在水槽中，废纸、废屑应放入废纸箱或实验室规定存放的地方。禁止将固体物、玻璃碎片等扔入水槽内，以免造成下水道堵塞。

(15)实验室如发生火灾，应根据起火的原因进行针对性灭火。酒精及其他可溶于水的液体着火时，可用水灭火；汽油、乙醚等有机溶剂着火时，用砂土扑灭，此时绝对不能用水，否则反而扩大燃烧面；导线或电器着火时，不能用水及二氧化碳灭火器，而应首先切断电源，用四氯化碳灭火器灭火，并根据火情决定是否要向消防部门报告。

此外，进入实验室的人员还必须注意以下几点：

(1)进入实验室的人员需穿全棉工作服，不得穿凉鞋、高跟鞋或拖鞋；留长发者应束扎头发；离开实验室时须换掉工作服。

(2)要根据实验情况采取必要的安全措施，如戴防护眼镜、面罩或橡胶手套等。

(3)必须熟悉实验室及其周围的环境，如煤气、水阀、电闸、灭火器、冲淋装置、洗眼器及实验室外消防水源等设施的位置，熟知灭火器和砂箱，以及急救药箱的放置地点和使用方法。

1.3　化学实验室常用安全设备

(1)通风橱。通风橱(见图 1－1)是防止有毒化学烟气危害的一级屏障,可减少实验者和有害气体的接触。使用通风橱时要注意:禁止在未开启的通风橱内进行实验操作,禁止在通风橱内存放或实验易燃易爆物品。禁止在通风橱内做国家禁止排放的有机物质与高氯化合物质混合的实验。通风橱台面避免存放过多实验器材或化学物质,禁止长期堆放。

(2)手套式操作箱。操作过程中涉及剧毒物质或必须在惰性气体中或干燥的空气中处理的活性物质时,必须使用密封性好的手套式操作箱。

(3)紧急冲淋装置和洗眼器。紧急冲淋设备和洗眼器是在有毒有害危险作业环境下使用的应急救援设施。当发生有毒有害物质(如酸、碱、有机物等液体)喷溅到工作人员身体、脸、眼或发生火灾引起工作人员衣物着火时,紧急冲淋装置(见图 1－2)和洗眼器(见图 1－3)可以对受伤害者的身体和眼睛进行紧急冲淋或者冲洗。这些设备只是进行初步的处理,不能代替医学治疗,必须尽快进行进一步的医学治疗。

图 1－1　通风橱

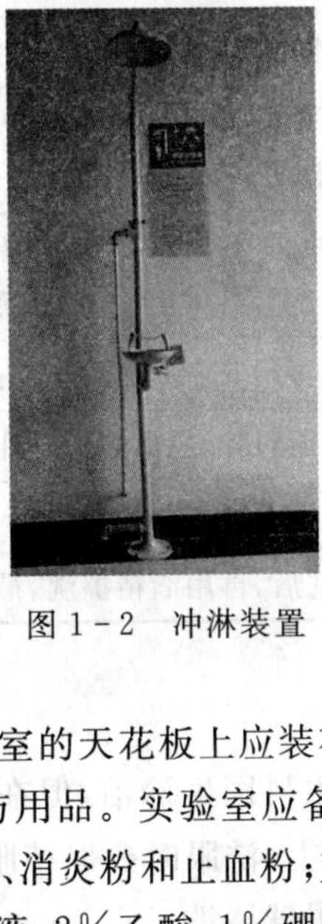
图 1－2　冲淋装置

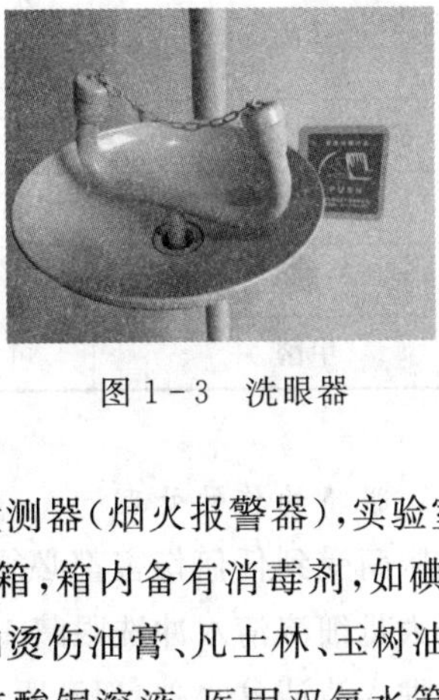
图 1－3　洗眼器

(4)消防和急救设备。每个实验室的天花板上应装有火灾检测器(烟火报警器),实验室内配备灭火器、灭火砂和灭火毯等消防用品。实验室应备有急救箱,箱内备有消毒剂,如碘酒、75%的酒精棉球等;外伤药如紫药水、消炎粉和止血粉;烫伤药如烫伤油膏、凡士林、玉树油、甘油等;化学灼伤药如 5%碳酸氢钠溶液、2%乙酸、1%硼酸、5%硫酸铜溶液、医用双氧水等;治疗用品如药棉、纱布、创可贴、绷带等。

1.4　实验室中意外事故的急救处理

化学实验室的事故对人体可能造成的伤害有:烧伤、化学灼烧、割伤、冻伤、中毒等。本节介绍一些遇到意外事故时的处理办法。

1. 化学灼伤的急救

化学灼伤时,应迅速脱去污染的衣服。首先用手帕、纱布或吸水性良好的纸片等物吸去皮肤上的化学毒物液滴,用大量流动清水冲洗,头、面部烧伤时,要注意眼、耳、鼻、口腔的清洗,再以适合消除这种有毒化学药品的特种溶剂、溶液或药剂仔细洗涤处理伤处。一般急救或治疗法见表1-1。

表1-1 常见化学灼伤的急救和治疗

化学试剂种类	急救或治疗方法
碱类：氢氧化钠(钾)、氨、氧化钙、碳酸钾	立即用大量水冲洗，再用2%乙酸溶液冲洗，或用3%硼酸水溶液洗，最后用水冲洗；其中对氧化钙烧伤者，要先清扫掉沾在皮肤上的石灰粉，再用水冲洗，然后可用植物油洗涤、涂敷创面
酸类：盐酸、硝酸、乙酸、甲酸、草酸苦味酸	用大量流动清水冲洗(皮肤被浓硫酸沾污时切忌先用水冲洗)，彻底冲洗后可用稀碳酸氢钠溶液或肥皂水进行中和，再用清水洗
碱金属氰化物、氢氰酸	先用高锰酸钾溶液冲洗，再用硫化铵溶液冲洗
溴	被溴烧伤后的伤口一般不易愈合，必须严加防范，一旦有溴沾到皮肤上，立即用清水、生理盐水及2%碳酸氢钠溶液冲洗伤处，包上消毒纱布后就医
氢氟酸	先用大量冷水冲洗直至伤口表面发红，然后用5%碳酸氢钠溶液清洗，再用甘油镁油膏(2:1的甘油-氧化镁)涂抹，最后用消毒纱布包扎
铬酸	先用大量清水冲洗，再用硫化铵稀溶液洗涤
黄磷	去除磷颗粒后，用大量冷水冲洗，并用1%硫酸铜溶液擦洗，再以5%碳酸氢钠溶液冲洗湿敷以中和磷酸，禁用油性纱布包扎，以免增加磷的溶解和吸收
苯酚	先用大量水冲洗，后用70%酒精擦拭、冲洗创面，直至酚味消失，再用大量清水冲洗干净，冲洗后可再用5%碳酸氢钠溶液冲洗、湿敷
硝酸银、氯化锌	先用水冲洗，再用5%碳酸氢钠溶液清洗，然后涂以油膏及磺胺粉
硫酸二甲酯	不能涂油，不能包扎，应暴露伤处让其挥发
碘	淀粉质(如米饭等)涂擦
甲醛	可先用水冲洗后，再用酒精擦洗，最后涂以甘油

2.眼睛灼伤的处理

眼睛受到任何伤害都必须立即请眼科医生诊治，但在医生救护前，对眼睛的化学性灼伤，应用大量细流清水冲洗眼睛15 min以上，洗眼时要保持眼皮张开，如无洗眼器等冲洗设备，可把头埋入清洁盆水中，掰开眼皮，转动眼球清洗。

对于碱灼伤，在洗眼后再用4%硼酸或2%柠檬酸钠溶液冲洗，然后反复滴氯霉素等微酸性眼药水。对于酸灼伤，则在洗眼后再用2%碳酸氢钠溶液冲洗，然后反复滴磺胺乙酰钠等微碱性眼药水。

若电石、石灰颗粒溅入眼内，需先用蘸石蜡或植物油的镊子或棉签去除颗粒，再用水冲洗，冲洗后，用干纱布或手帕遮盖伤眼，去医院治疗。

玻璃屑等异物进入眼睛内时绝不可用手揉擦，也不要试图让别人取出碎屑，用纱布轻轻包住眼睛后，将伤者急送医院处理。

3.割伤的应急处理

在化学实验室的割伤主要是由玻璃仪器或玻璃管的破碎引发的。由玻璃片造成的外伤，首先必须除去碎玻璃片，如果为一般轻伤，应及时挤出污血，并用消过毒的镊子取出玻璃碎片，用蒸馏水洗净伤口，涂上碘酒，再用创可贴或绷带包扎；如果为大伤口，应立即捆扎靠近伤口部位 10 cm 处压迫止血，可平均半小时左右放松一次，每次 1 min，再捆扎起来，使伤口停止流血，急送医务室就诊。

4. 冻伤的应急处理

使用制冷剂时一般会产生因低温引起的皮肤冻伤。冻伤的应急处理方法是将冻伤部位放入 38～40℃的温水中浸泡 20～30 min。即使恢复到正常温度后，仍要将冻伤部位抬高，在常温下，不包扎任何东西，也不用绷带，保持安静。若没有温水或者冻伤部位不便浸水时，则可用体温（如手、腋下）使其暖和。脱去湿衣物，也可饮适量含酒精的饮料暖和身体。

5. 电击伤的应急处理

发生触电事故时，急救的关键是切断电源后救治触电者。拉闸是最重要的措施，一时不能切断电源时，用绝缘性能好的物品（如木棍、竹竿、塑料制品等）拨开电源，或用干燥的布带、皮带把触电者从电线上拉开，解开妨碍触电者呼吸的紧身衣服，检查触电者的口腔，清理口腔的黏液，如有假牙则取下。立即就地进行抢救，如果触电者停止呼吸或脉搏停跳时，要立即进行人工呼吸或胸外心脏按压，决不能无故中断，并送医院处理。

6. 中毒的应急处理

实验过程中若感觉咽喉灼痛，出现发绀、呕吐、惊厥、呼吸困难和休克等症状时，则可能系中毒所致。发生急性中毒事故，在进行现场急救处理后，要将中毒者送医院急救，并向医院提供中毒的原因、化学物品的名称等以便能对症医疗。如化学物不明，则需带该物料及呕吐物的样品，以供医院及时检测。

在进行现场急救时，实验人员根据化学药品的毒性特点、中毒途径及中毒程度采取相应措施，要立即将患者移至安全地带，并设法清除其体内的毒物。对呼吸道吸入中毒者的救治，首先保持呼吸道畅通，并立即转移至室外，向上风向转移，解开衣领和裤带，呼吸新鲜空气并注意保暖；对休克者应施以人工呼吸，但不要用口对口法，立即送医院急救；对于经皮肤吸收中毒者的救治，应迅速脱去污染的衣服、鞋袜等，用大量流动清水冲洗 15～30 min，也可用温水；对误服吞咽中毒者的救治，常采用催吐、洗胃、清泻、药物解毒等方法。

急救和治疗一般均应由医务人员进行。

1.5　实验室防火与灭火常识

实验室往往使用种类繁多的易燃易爆化学物品，且风干机、烘箱、电炉等大功率电器具较多，其他火源种类也多。因此实验人员必须明确消防器材的放置地点，熟练掌握使用方法和灭火常识，并会报火警。要注意：

（1）实验室内严禁吸烟，有易燃、易爆等危险品的实验室内严禁使用明火。室内严禁大量存放易燃、易爆物品，不得使用汽油、酒精擦拭仪器设备。

（2）不得超负荷用电，不得随意加大保险丝容量，不得乱拉乱接临时电源线。配电盘不得堆放物品。电器设备注意防潮、防腐、防老化、防电线短路，工作完毕要及时切断电源。

（3）在容器中（如烧杯、烧瓶、热水漏斗等）发生的局部小火，用湿布、石棉网、表面皿或木块等覆盖，就可以使火焰熄灭；若因冲料、渗漏、油浴着火等引起反应体系着火时，有效的扑灭方法是用几层灭火毯包住着火部位，隔绝空气使其熄灭。烘箱有异味或冒烟时，应迅速切断电源，使其慢慢降温，并准备好灭火器备用。千万不要打开烘箱门，以免突然供入空气，引起火灾。

(4)实验室常用的灭火器材为砂箱、灭火毯、灭火器。常用灭火器及适用范围见表1-2。

表1-2　实验室常用灭火器及其适用范围

灭火器类型	药液成分	适用范围
酸碱式	H_2SO_4 和 $NaHCO_3$	非油类和电器引起的一般初起火灾
泡沫灭火	$Al_2(SO_4)_3$ 和 $NaHCO_3$	油类起火
CO_2 灭火器	液态 CO_2	电气设备、小范围油类及忌水化学物品的失火
干粉灭火器	$NaHCO_3$、硬脂酸铝、云母粉、滑石粉等	油类、可燃性气体、电气设备、精密仪器、图书文件和遇水易燃物品的初起火灾
1211灭火器	CF_2ClBr 液化气体	特别适用于油类、有机溶剂、精密仪器、高压设备的失火
水系灭火器	水	可燃固体(A类)、可燃油类(B类)、可燃气类(C类)及1 000 V以下带电设备的初起火灾
灭火弹	超细干粉(或砂石)灭火剂	几乎所有类型. 尤其是大面积火灾

总之，万一着火，要沉着快速处理。首先要切断热源、电源，把附近的可燃物品移走，再针对燃烧物的性质来采取适当的灭火措施。但不可将燃烧物抱着往外跑，因为跑时空气更流通，会烧得更猛。使用常用的灭火措施时要根据火灾的轻重、燃烧物的性质、周围环境和现有条件进行选择。

若着火或救火过程中衣服着火，应立即用湿抹布、灭火毯等包裹盖熄，或者就近用水龙头、冲淋装置浇灭或卧地打滚以扑灭火焰，切勿慌张奔跑，否则风助火势会造成严重后果。

第二章　分析化学实验基础知识

2.1　绪　论

2.1.1　分析化学实验课程目的和任务

分析化学实验是化学、化工、环境、材料、生物、医药等相关专业的重要基础课程之一，该课程的目的和任务是：

(1)学习并掌握定量分析化学实验的基本知识、基本操作、基本技能，以及典型的分析方法和常用的实验数据处理方法。

(2)确立“量”、“误差”和“偏差”，以及“有效数字”的概念，了解并能掌握影响分析结果的主要因素和关键环节，合理地选择实验条件和实验仪器，以确保定量结果的可靠性。

(3)通过实验加深对有关理论的理解，并能灵活运用所学理论知识和实验知识指导实验设计及操作，提高分析和解决实际问题的能力，培养创新意识和科学探索的兴趣，为将来的独立科研工作打下坚实的基础。

(4)培养严谨和实事求是的实验态度、良好的科学作风和实验素养。

2.1.2　分析化学实验基本要求

(1)实验前必须认真预习，并做好实验预习报告。要理解实验原理，了解实验过程，明确实验步骤和注意事项，做到心中有数。

(2)实验中要严格按照规范认真操作，仔细观察，及时记录。实验中遇到困难和故障时，沉着冷静，设法找出原因并及时排除。若实验失败，应经指导教师同意后，重做实验。

(3)实验过程中要保持室内安静、整洁。爱护公共设施，公用药品和仪器用完后及时放回原处。实验完成后，要及时清理实验台面，仪器、药品要摆放整齐。

(4)及时完成实验报告。实验报告一般包括实验题目、实验日期、实验目的、实验原理、原始记录、结果(附计算公式)和讨论等。

(5)常量分析的基本实验，其平行实验数据之间的相对偏差和实验结果的相对误差，一般要求不超过0.2%和±0.3%。对于自拟方案实验、复杂样品分析和微量分析实验，要求可适当放宽。

2.2　分析用纯水

纯水是分析化学实验中最常用的纯净溶剂和洗涤剂。根据分析的任务和要求的不同，对水的纯度要求也有所不同。一般的分析工作，采用一次蒸馏水或一次去离子水即可；超纯物质的分析，则需纯度较高的“超纯水”。在一般的分析实验中，离子选择电极法、络合滴定法和银量法用的水纯度较高。

2.2.1 纯水的制备方法

纯水常用的制备方法有以下 3 种。

(1)蒸馏法：蒸馏法能除去水中的非挥发性杂质，但不能除去易溶于水的气体。同是蒸馏而得的纯水，由于蒸馏器的材料不同，所带的杂质也不同。通常使用玻璃、铜和石英等材料制成的蒸馏器。

(2)离子交换法：是应用离子交换树脂分离出水中的杂质离子的方法，用此法制得的水通常称为“去离子水”。此法的优点是容易制得大量纯度高的水且成本较低。

(3)电渗析法：是在离子交换技术基础上发展起来的一种方法。它是在外电场的作用下，利用阴、阳离子交换膜对溶液中离子的选择性透过而使杂质离子自水中分离出来的方法。

纯水并不是绝对不含杂质，只是杂质的含量极微少而已。随制备方法和所用仪器的材料不同，其杂质的种类和含量也有所不同。用玻璃蒸馏器所得的水含有较多的 Na^+、SiO_3^{2-} 等离子；用铜蒸馏器制得的则含有较多的 Cu^{2+} 等；用离子交换法或电渗析法制备的水则含有微生物和某些有机物等。

2.2.2 纯水的检验方法

纯水的质量可以通过检验来了解。检验的项目很多，现仅结合一般分析实验室的要求简略介绍主要的检查项目如下。

(1)电阻率：25℃时电阻率为 $(1.0\sim10)\times10^6\ \Omega\cdot cm$ 的水为纯水，大于 $10\times10^6\ \Omega\cdot cm$ 的水为超纯水。

(2)酸碱度：要求 pH 值为 6～7。取 2 支试管，各加被检查的水 10 mL，一支加 0.2％甲基红指示剂 2 滴，不得显红色；另一支加 0.2％溴麝香草酚蓝（溴百里酚蓝）指示剂 5 滴，不得显蓝色。

在空气中放置较久的纯水，因溶解有 CO_2，pH 值可降至 5.6 左右。

(3)钙镁离子：取 10 mL 被检查的水，加氨-氯化铵缓冲溶液(pH≈10)，调节溶液 pH 值至 10 左右，加入铬黑 T 指示剂 1 滴，不得显红色。

(4)氯离子：取 10 mL 被检查的水，用 5％ HNO_3 1 滴酸化，加 1％ $AgNO_2$ 溶液 2 滴，摇匀后不得有白色浑浊现象。

分析用的纯水必须严格保持纯净，防止污染。聚乙烯容器是贮存纯水的理想容器之一。

2.3 化学试剂

2.3.1 化学试剂的规格

化学试剂的规格是以其中所含杂质多少来划分的，一般可分为四个等级，其规格和适用范围见表 2-1。

表 2-1　试剂规格及适用范围

级　别	中文名称	英文标志	标签颜色	主要用途
一级	优级纯	GR	绿	精密分析实验
二级	分析纯	AR	红	一般分析实验
三级	化学纯	CP	蓝	一般化学实验
生物化学试剂	生化试剂、生物染色剂	BR	咖啡色(染色剂:玫红色)	生物化学及医药化学实验

此外,还有光谱纯试剂、基准试剂、色谱纯试剂等。

光谱纯试剂(符号 SP)通常是指经过发射光谱分析过的、纯度较高的试剂。光谱纯是以光谱分析时出现的干扰谱线的数目及强度来衡量的,即其杂质含量用光谱分析法已测不出或杂质含量低于某一限度标准。需要注意的是,光谱纯并不提高纯物质,有时其主成分达不到99.9%以上,这种试剂主要用作光谱分析中的标准物质。

基准试剂的纯度相当于或高于保证试剂。基准试剂用作滴定分析中的基准物是非常方便的,也可用于直接配制标准溶液。

在分析工作中,选用的试剂的纯度要与所用方法相当,实验用水、操作器皿等要与试剂的等级相适应。若试剂都选用 GR 级的,则不宜使用普通的蒸馏水或去离子水,而应使用经两次蒸馏制得的重蒸馏水。所用器皿的质地也要求较高,使用过程中不应有物质溶解,以免影响测定的准确度。

选用试剂时,要注意节约原则,不要盲目追求纯度高,应根据具体要求取用。优级纯和分析纯试剂,虽然是市售试剂中的纯品,但有时由于包装或取用不慎而混入杂质,或在运输过程中可能发生变化,或贮藏日久而变质,所以还应具体情况具体分析。对所用试剂的规格有所怀疑时应该进行鉴定。在特殊情况下,市售的试剂纯度不能满足要求时,分析者应自己动手精制。

2.3.2　化学试剂的取用

(1)取用试剂时应注意保持清洁。瓶塞不许任意放置,取用后应立即盖好,以防试剂被其他物质沾污或变质。

(2)固体试剂应用洁净干燥的小勺取用。取用强碱性试剂后的小勺应立即洗净,以免腐蚀。

(3)用吸管取试剂溶液时,决不能用未经洗净的同一吸管插入不同的试剂瓶中吸取试剂。

(4)所有盛装试剂的瓶上都应贴有明显的标签,写明试剂的名称、规格及配制日期。千万不能在试剂瓶中装入不是标签上所写的试剂。没有标签标明名称和规格的试剂,在未查明前不能随便使用,书写标签最好用绘图墨汁,以免日久褪色。

(5)在分析工作中,试剂的浓度及用量应按要求适当使用,过浓或过多不仅造成浪费,而且还可能产生副反应,甚至得不到正确的结果。

2.4 滤纸和滤器

2.4.1 滤纸

化学分析中使用的滤纸有定性滤纸和定量滤纸两类。它们各有快速、中速和慢速三类。定量滤纸经盐酸和氢氟酸处理、蒸馏水洗涤，灰分很少，一般在灼烧后，每张滤纸的灰分不超过0.1 mg，因而也称为“无灰”滤纸，适用于精密定量分析；定性滤纸灰分较多，供一般的定性分析和分离使用，不能用于重量分析。另外，还有用于色谱分析的层析滤纸。各种定量滤纸在滤纸盒的包装上用白带（快速）、蓝带（中速）、红带（慢速）作为标记加以区别。滤纸外形有圆形和方形两种。常用的圆形滤纸有 ϕ7 cm、ϕ9 cm 和 ϕ11 cm 等规格，方形滤纸有 30 cm×30 cm 和 60 cm×60 cm 等规格。表 2-2 列出定量和定性分析滤纸的主要规格。

表 2-2　定量和定性滤纸规格

项　目	单　位	定量滤纸			定性滤纸		
		快速(白)	中性(蓝)	慢速(红)	快速	中速	慢速
定量	$g \cdot m^{-2}$	75	75	80	75	75	80
过滤测定示例		$Fe(OH)_3$	$ZnCO_3$	$BaSO_4$	$Fe(OH)_3$	$ZnCO_3$	$BaSO_4$
水分(不大于)	%	7	7	7	7	7	7
灰分(不大于)	%	0.01	0.01	0.01	0.15	0.15	0.15
含铁量(不大于)	%	—	—	—	0.003	0.003	0.003
水溶性氯化物(不大于)	%	—	—	—	0.02	0.02	0.02

2.4.2 滤器

这类滤器都焊有多孔滤板，滤板是通过加热烧结玻璃、石英、陶瓷、金属、塑料等材料的颗粒，使之粘接在一起的方法制成的。其中最常用的是玻璃滤器。

玻璃滤器是用玻璃粉末在600℃左右烧结制成的多孔性滤板，焊接在相同或相似膨胀系数的玻壳或玻管上制成的一类滤器。有各种形式，如坩埚形（砂芯坩埚或称微孔玻璃坩埚）、漏斗形（砂芯漏斗）和管状（筒式滤器）等。

根据国家标准《实验室烧结（多孔）过滤器——孔径、分级和牌号》（GB 11415—1989），过滤器的牌号规定以每级孔径的上限值（μm）前冠以字母“P”表示，对滤板的分级及牌号的具体规定见表 2-3，另外，一些仍在使用的过滤器的旧牌号及其孔径范围见表 2-4。

表 2-3　过滤器的分级、牌号及一般用途

牌　号	孔径分级/μm	一般用途
P1.6	≤1.6	滤除大肠杆菌及葡萄球菌
P4	1.6～4	滤除极细沉淀及较大杆菌

续表

牌　号	孔径分级/μm	一般用途
P10	4～10	滤除细颗粒沉淀
P16	10～16	滤除细沉淀及收集小分子气体
P40	16～40	滤除较细沉淀及过滤水银
P100	40～100	滤除较粗沉淀及处理水
P160	100～160	滤除粗粒沉淀及收集气体
P250	160～250	滤除大颗粒沉淀

表 2－4　滤器的旧牌号及孔径范围

旧牌号	G_{00}	G_0	G_1A	G_1	G_2
滤板孔径/μm	160～250	100～160	70～100	50～70	30～50
旧牌号	G_3	G_4A	G_4	G_5	G_6
滤板孔径/μm	16～30	7～16	4～7	2～4	1.2～2.0

上述滤器的分级和牌号，均指滤器中的多孔滤板而言。各种过滤器都有不同的规格，例如容量、高度或长度、直径、滤板牌号等，应根据需要合理地选用。分析化学实验中常用P40(G_3)和P16(G_4A)号的玻璃滤器，例如，过滤 $KMnO_4$ 溶液时用 G_4A 号，过滤金属汞时用 G_3 号漏斗式，重量法测定镍或钡时用 G_4A 号坩埚式玻璃滤器。

玻璃滤器不宜过滤较浓的碱性溶液、热浓磷酸及氢氟酸溶液，也不宜过滤易堵孔而又无法洗掉的残渣溶液。加热干燥时，升温和冷却都要缓慢进行，用较高温度烘干后，应在烘箱中稍降温后再取出，以防造成裂损。

由于滤器的滤板容易吸附沉淀和杂物。因此，使用后清洗滤器是很重要的。表 2－5 列出了某些沉淀物的化学清洗方法。

表 2－5　某些沉淀物的清洗方法

沉淀物	洗涤液
脂肪等	四氯化碳(或其他适当的有机溶剂)
各种有机物	铬酸洗液浸泡
氯化亚铜，铁斑	含 $KClO_4$ 的热浓盐酸
硫酸钡	100℃的浓硫酸
汞渣	热浓 HNO_3
氯化银	氨水或 $Na_2S_2O_3$ 溶液
铝质、硅质残渣	先用2%HF洗，继用浓 H_2SO_4 洗，立即用蒸馏水、丙酮漂洗，反复几次

2.5 定量分析中的常用器皿和用具

定量分析常用器皿和用具中相当大部分属玻璃制品，玻璃仪器按玻璃性能可分为可加热的（如各类烧杯、烧瓶、试管等）和不宜加热的（如试剂瓶、量筒、容量瓶等）；按用途可分为容器类（如烧杯、试剂瓶等）、量器类（如吸管、容量瓶等）和特殊用途类（如干燥器、漏斗等），这些常用器皿和用具如图 2-1 所示。

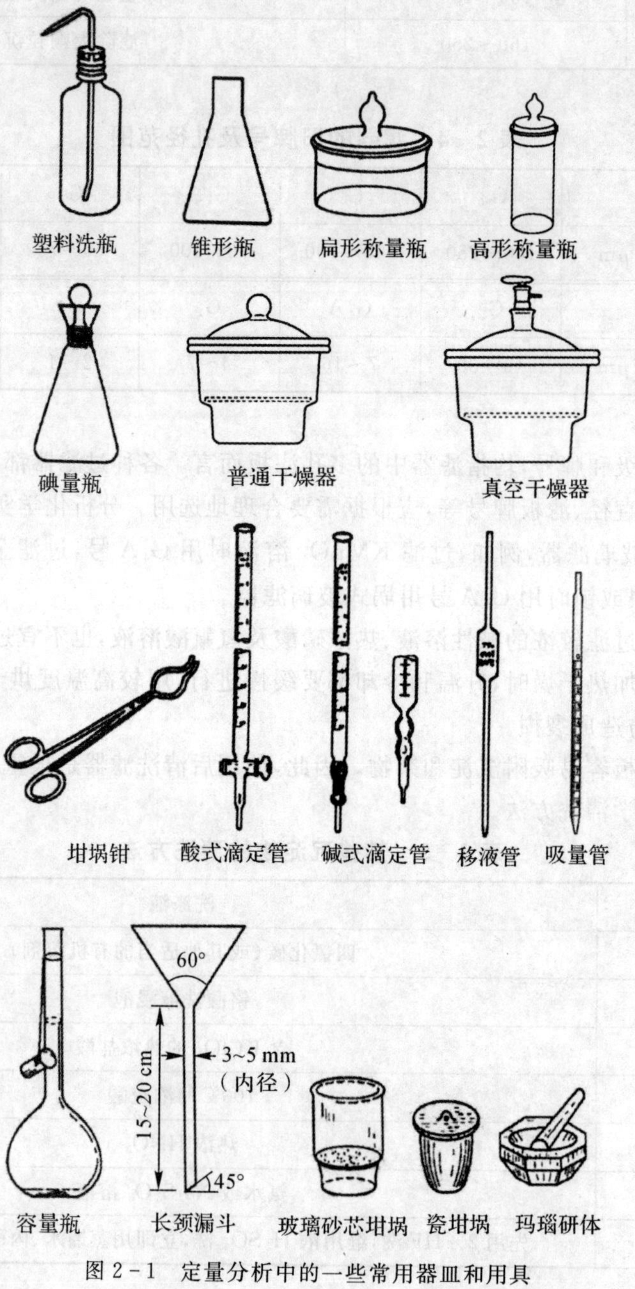

图 2-1 定量分析中的一些常用器皿和用具

2.6　玻璃器皿的洗涤

分析实验中常用的洁净剂有肥皂液、洗洁精、洗衣粉、去污粉、各种洗涤液和有机溶剂等，本节介绍几种常用的洗涤液。

1. 铬酸洗液（重铬酸钾的硫酸溶液）

配制方法是称取 10 g 工业用 $K_2Cr_2O_7$ 于烧杯中，加入30 mL热水，溶解后，冷却，一面搅拌一面慢慢加入 170 mL 浓硫酸（注意安全），溶液呈暗红色，贮存于玻璃瓶中，备用。常用于不易用刷子刷洗的器皿。

铬酸洗液是一种很强的氧化剂，但作用比较慢，因此，使用时需将洗液倒入要洗涤的器皿中浸泡数分钟。铬酸洗液使用后，应倒回原来容器内以反复使用。

使用铬酸洗液时应注意以下几点：

(1)由于六价铬和三价铬都有毒，大量使用会污染环境，所以，凡是能够用其他洗涤剂进行洗涤的仪器，都不要用铬酸洗液。在本书的实验中，铬酸洗液只用于容量瓶、移液管、吸量管和滴定管的洗涤。

(2)使用时要尽量避免将水引入洗液（稀释后会降低洗涤效果），加洗液前应尽量除去仪器内的水。过度稀释的洗液可在通风柜中加热蒸掉大部分水分后继续使用。

(3)洗液可以循环使用，用后倒回原瓶并应随时盖严。当洗液由棕红色变为绿色（Cr^{3+} 颜色）时，即已失效。当出现红色晶体（CrO_3）时，说明 $K_2Cr_2O_7$ 浓度已减小，洗涤效果亦降低。

(4)铬酸洗液具强烈腐蚀性，使用时要小心，要避免洒出，一旦洒出应立即用水稀释并擦拭干净。另外，仪器中有残留的氯化物时，应除掉后再加入铬酸洗液，否则会产生有毒的挥发性物质。

2. 碱性高锰酸钾洗涤液

配制方法是将 4 g 高锰酸钾溶于少量水中，慢慢加入 100 mL10％NaOH 溶液即可。用于洗涤油腻及有机物。

3. 肥皂液、碱液及合成洗涤剂

洗涤时，在器皿中加入少量的洗涤剂和水，然后用毛刷反复刷洗，再用水冲洗干净。用于洗涤油脂和一些有机物（如有机酸）。

4. 酸性草酸和盐酸羟胺洗涤液

配制方法是取 10 g 草酸或 1 g 盐酸羟胺溶于 100 mL 20％的 HCl 溶液中即可。一般用前者较为经济，适用于洗涤氧化性物质，如沾有高锰酸钾、三价铁等的容器。

5. 盐酸-乙醇溶液

将化学纯的盐酸和乙醇按 1∶2 的体积比进行混合，此洗涤液主要用于洗涤被染色的吸收池、比色管、吸量管等。洗涤时最好将器皿在此溶液中浸泡一定时间，然后再用水冲洗。

6. 盐酸

化学纯的盐酸与水以 1∶1 的体积进行混合，此溶液为还原性强酸洗涤剂，可洗去多种金属氧化物和金属离子。

7. 有机溶液洗涤剂

可直接取丙酮、乙醚、苯使用，或配成 NaOH 的饱和乙醇溶液使用。用于洗涤聚合体、油脂及其他有机物。

8. 浓 HNO_3

浓 HNO_3 是一种强氧化剂，必要时也可以用来洗涤器皿。

一般的器皿，如烧杯、锥形瓶、试剂瓶、表面皿等，可用刷子蘸取去污粉、洗衣粉、肥皂液等直接刷洗其内外表面。滴定管、容量瓶和吸管等量器，为了避免容器内壁受机械磨损而影响容积测量的准确度，一般不用刷子刷洗，如果其内壁沾有油脂性污物，用自来水不能洗去时，则选用合适的洗涤剂淌洗，必要时把洗涤剂先加热，并浸泡一段时间。如用铬酸洗液洗涤滴定管时，则可倒入铬酸洗液 10 mL（碱式滴定管应卸下管下端的橡皮管，套上旧橡皮乳头，再倒入洗液），将滴定管逐渐向管口倾斜，以两手转动滴定管，使洗液布满全管，然后打开活塞将洗液放回原洗液瓶中。如果内壁沾污严重时，则需用洗液充满滴定管浸泡 10 min 至数小时，或用温热洗液浸泡 20～30 min，先用自来水冲洗干净，再用蒸馏水洗涤几次。

洗干净的玻璃仪器，其内壁应该不挂水珠，这一点对滴定管特别重要。用纯水冲洗仪器时，采用顺壁冲洗并加摇荡以及每次用水量少而多洗几次的办法，既能清洗得好、快，又能节约用水。

称量瓶、容量瓶、碘量瓶、干燥器等具有磨口塞、盖的器皿，在洗涤时应注意各自的配套，切勿"张冠李戴"，以免破坏磨口处的严密性。

2.7 实验数据的记录、处理和实验报告

2.7.1 实验数据的记录

(1)实验数据应记录在专门的、预先编有页码的实验记录本上，不得撕去任何一页。绝不允许将数据记在单页纸或小纸片上，或记在书上、手掌上等。实验数据记录必须用钢笔或圆珠笔书写，不得使用铅笔。

(2)实验过程中的各种测量数据及有关实验现象，应及时、准确而清楚地记录下来。记录实验数据时，要有严谨的科学态度，要实事求是，切忌夹杂主观因素，不得涂改原始实验数据。决不能随意拼凑和伪造数据。实验过程中涉及的各种仪器的型号和标准溶液浓度等，也应及时准确记录下来。

(3)记录实验数据时，应注意其有效数字位数。如用分析天平称重时，要求准确至 0.000 1 g，滴定管及吸量管的读数，应准确至 0.01 mL。

(4)实验记录的每一个数据，都是测量结果，所以重复观测时，即使数据完全相同，也应记录下来。

(5)进行记录时，对文字记录，应整齐清洁。对数据记录，应用适当的表格形式，使其更为清楚明白。在实验过程中，如发现数据测错或读错而需要改动时，可将该数据用一横线划去，并在其上方写上正确的数字。

2.7.2 实验数据的处理

数据处理的任务是通过对有限次测量数据的合理分析，对总体做出科学的论断。为了衡量分析结果的精密度，一般对平行测定的一组实验结果 $x_1, x_2, \cdots, x_n$，首先计算出其算术平均值 $\bar{x}$，再用单次测定结果的平均偏差、相对偏差或标准偏差、相对标准偏差等表示出来，分析结果可用总体平均值的置信区间表示。这些是分析实验中最常用的几种处理数据的表示方法。

算术平均值为

$$\bar{x}=\frac{x_1+x_2+\cdots+x_n}{n}=\frac{\sum_{i=1}^{n}x_i}{n}$$

相对偏差为

$$d_r=\frac{x_i-\bar{x}}{\bar{x}}\times 100\%$$

平均偏差为

$$\bar{d}=\frac{|x_1-\bar{x}|+|x_2-\bar{x}|+\cdots+|x_n-\bar{x}|}{n}=\frac{\sum_{i=1}^{n}|x_i-\bar{x}|}{n}=\sum_{i=1}^{n}|d_i|$$

相对平均偏差为

$$\bar{d}_r=\frac{\bar{d}}{\bar{x}}\times 100\%$$

标准偏差为

$$s=\sqrt{\frac{\sum_{i=1}^{n}(x_i-\bar{x})^2}{n-1}}$$

相对标准偏差为

$$\mathrm{RSD}=\frac{s}{\bar{x}}\times 100\%$$

总体平均值的置信区间为

$$\mu=\bar{x}\pm\frac{ts}{\sqrt{n}}$$

式中置信因子 t 的数值取决于置信度 P 和自由度 f（$f=n—1$），其值见表 2-6。计算时，求出 $\bar{x}$ 和 s 后，再根据置信度 P（或显著性水准 α）的要求，从表 2-6 中找出相应的 t 值，即可求出总体平均值 μ 的置信区间。

表 2-6　$t_{\alpha,f}$ 值表（双边）

f	置信度，显著性水准		
	$P=0.09$ $\alpha=0.10$	$P=0.95$ $\alpha=0.05$	$P=0.99$ $\alpha=0.01$
1	6.31	12.71	63.66
2	2.92	4.30	9.92
3	2.35	3.18	5.84
4	2.13	2.78	4.60
5	2.02	2.57	4.03
6	1.94	2.45	3.71
7	1.90	2.36	3.50
8	1.86	2.31	3.36
9	1.83	2.26	3.25

续表

f	置信度，显著性水准		
	$P=0.09$ $\alpha=0.10$	$P=0.95$ $\alpha=0.05$	$P=0.99$ $\alpha=0.01$
10	1.81	2.23	3.17
20	1.72	2.09	2.84
∞	1.64	1.96	2.58

实际工作中，常用相对标准偏差表示分析结果的精密度。实验中，当对同一试样进行多次平行测定时，有时会出现个别与其他数据相差较大的可疑值(亦称离群值)，可疑值的取舍会影响到分析结果的平均值，尤其当数据少时影响更大。因此，在进行上述计算前必须对可疑值进行合理的取舍。对有关实验数据的统计学处理，例如置信度与置信区间、是否存在显著性差异的检验及对可疑值的取舍判断等可参考有关书籍或资料。

2.7.3 实验报告

写好实验报告是分析化学实验课程中重要的一项基本训练。实验完毕，应用专门的实验报告本，根据预习和实验中的现象及数据记录等，及时而认真地写出实验报告。分析化学实验报告一般包括以下内容。

实验名称

一、实验目的

简明扼要地列出实验目的。

二、实验原理

简要地用文字和化学反应式说明。例如，对于滴定分析，通常应有标定和滴定反应方程式，基准物质和指示剂的选择，标定和滴定的计算公式等。对特殊仪器的实验装置，应画出实验装置图。

三、实验内容

应简明扼要地写出实验步骤过程。

四、实验数据及其处理

可用文字、表格、图形将数据表示出来。根据实验要求及计算公式，计算出分析结果并进行有关数据和误差处理，尽可能地使记录表格化。

五、问题与讨论

对实验中的现象、产生的误差等进行讨论和分析，特别是结合自己实验中成功的经验、失败的教训等问题进行讨论和分析，结合分析化学中有关理论，以提高自己分析问题和解决问题的能力，初步培养起进行科学研究的素养和能力。

第三章 定量分析仪器及基本操作

3.1 分析天平

分析天平是定量分析中最重要的精密衡量仪器之一，是进行精确称量时最常用的仪器。了解分析天平的结构和正确地进行称量，是做好定量分析实验的基本保证。常用的分析天平有等臂(双盘)分析天平、不等臂(单盘)分析天平和电子分析天平三类。前两者是基于杠杆原理，属机械式天平。后者则是基于电磁力平衡原理。一般分析天平的分度值为 0.1 mg，即可称出 0.1 mg 质量或分辨出 0.1 mg 的差别，称之为常量分析天平。微量分析天平的分度值为 0.01 mg，超微量分析天平的分度值更低，为 0.001 mg。根据分度值大小，有时也将它们分别称为万分之一天平、十万分之一天平和百万分之一天平。分析天平的最大载荷一般为 100～200 g。常用分析天平的规格、型号见表 3-1。

表 3-1 常用分析天平的规格和型号

种 类	型 号	名 称	规 格
双盘天平	TG328A	全机械加码电光天平	200 g/0.1 mg
	TG328B	半机械加码电光天平	200 g/0.1 mg
	TG332A	微量天平	20 g/0.01 mg
单盘天平	DT-100	单盘电光天平	100 g/0.1 mg
	DTG-160	单盘电光天平	160 g/0.1 mg
电子天平	EL104	上皿式电子天平	120 g/0.1 mg
	EL204	上皿式电子天平	220 g/0.1 mg

本节主要介绍半机械加码电光分析天平、单盘电光分析天平和电子分析天平等 3 种。

3.1.1 半机械加码电光分析天平

1. 原理

半机械加码电光分析天平，亦称半自动电光分析天平，是根据杠杆原理制造的。其支点在天平梁的中央，天平梁的两端各挂天平盘，通常左盘放物体，右盘放砝码，当天平达到平衡状态时，物体的重量即等于砝码的重量。

2. 电光天平的构造

天平按精度通常分为 10 级，一级天平精度最好，十级最差。在常量分析中，使用最多的是最大载荷为 100～200 g 的分析天平，属于三、四级，分度值为 0.1 mg 的半自动电光天平。现以 TG328 型半自动电光天平为例，介绍其结构和使用方法。天平的外形和结构如图 3-1

所示。

(1)天平梁。它是天平的主要部件,此梁由铝合金制成,横梁上装有三个三棱形的玛瑙刀,其中一个装在横梁的中间,刀口向下,称为中刀或支点刀;另两个等距离地分别安装在横梁两端,刀口向上,称为承重刀。三个刀口的棱边完全平行,并处于同一水平面上,玛瑙刀口的角度和锋刃的完整程度直接影响天平的质量,故应特别注意保护刀口。在加减砝码和称量过程中,绝不允许开动天平操作,一定要将天平梁托起,梁的两边装有两个平衡螺丝,用来调整梁的平衡位置(也即调节零点)。

(2)指针。它固定在天平梁的中央,指针的下端装有微分标尺,光源通过光学系统将微分标尺的刻度放大,反射到投影屏上。投影屏中央有一条垂直的刻线,标尺的投影与刻线重合处即为天平的平衡位置。调节拉杆可将投影屏左右移动一定距离。在天平未加砝码和重物时,打开升降枢纽,可拨动调屏拉杆使标尺的 0 刻度与投影屏刻线完全重合,达到调节零点的目的。

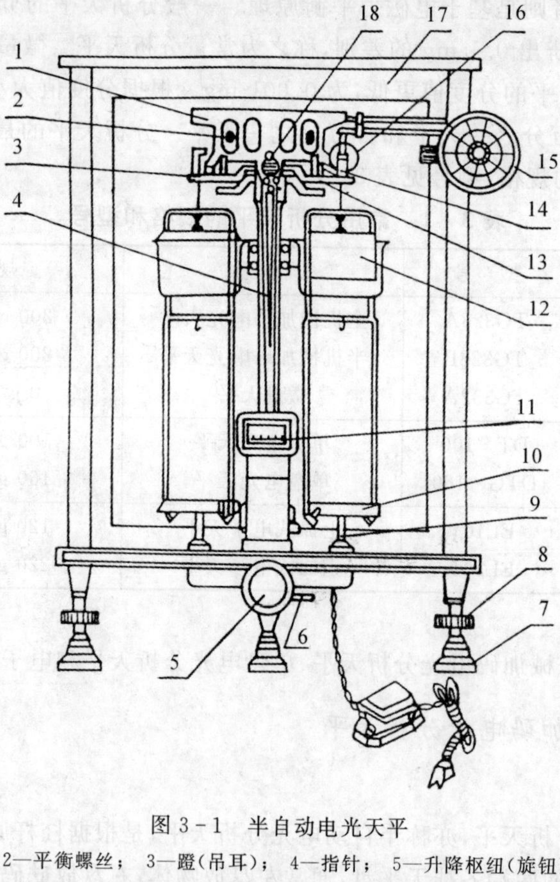

图 3-1 半自动电光天平

1—天平梁; 2—平衡螺丝; 3—蹬(吊耳); 4—指针; 5—升降枢纽(旋钮); 6—拉杆; 7—垫脚; 8—天平脚; 9—盘托; 10—天平盘; 11—投影屏; 12—阻尼内筒; 13—托叶; 14—支力销; 15—指数盘; 16—环形砝码; 17—框罩; 18—支点刀

(3)升降枢纽。它是天平的开关,即控制天平工作状态和休止状态的旋钮,也是天平的重要部件。它连接着托梁架、盘托和光源。使用天平时,打开升降枢纽可使它们发生如下变动:①降下托梁架,使 3 个玛瑙刀口与相应的玛瑙平板接触。②盘托下降,使天平盘自由摆动。

③打开光源，在投影屏上可看到微分标尺的投影。如果关闭升降枢纽，则梁和天平盘被托住，刀口与玛瑙平板脱离，光源切断。由此可见，关闭升降枢纽后，即可保护玛瑙刀口。

(4)蹬(也称吊耳)。蹬上嵌着的玛瑙平板与天平梁两端的承重刀口接触，蹬的两端面向下有两个螺丝凹槽。关闭天平时，托梁架上的托蹬螺丝顶入凹槽，将蹬托住，使玛瑙平板与玛瑙刀口脱开。蹬上还装有挂天平盘与空气阻尼器内筒的悬钩。

(5)空气阻尼装置。由两个内外互相扣合而不接触的金属圆筒组成。外筒固定在立柱上，内筒倒悬挂在吊耳下面。当天平摆动时，由于两筒相对运动受到空气阻力作用，使天平梁很快停止摆动而达到平衡位置，加快称量速度。

(6)天平盘。左右吊耳下各挂有天平盘。面对天平方向，左盘放被称物体，右盘放砝码。

(7)砝码。每台天平都有一盒配套的砝码。1 g 以上的砝码用铜合金或不锈钢制成。半自动电光天平砝码盒内有 100 g，50 g，20 g，20 g，10 g，5 g，2 g，2 g，1 g 的砝码共九个。1 g 以下砝码是由金属丝制成的环状砝码(通称环码)，环码有 500 mg，200 mg，100 mg，100 mg，50 mg，20 mg，10 mg，10 mg 的共 8 个，分别挂在环码钩上。所加环码的重量可以直接在环码指数盘上读出。

(8)机械加码装置。由内外两圈旋钮控制，转动旋钮可增减 10～990 mg 环码，与左边该线对准的读数就是所加环码质量。外圈可加减 100～900 mg 的环码，图 3－2(a)所示为加上 300 mg，内圈可加减 10～90 mg 的环码，图 3－2(b)所示为加上 20 mg。内外两圈旋钮所加环码总重量如图 3－2(c)所示(为 320 mg)。

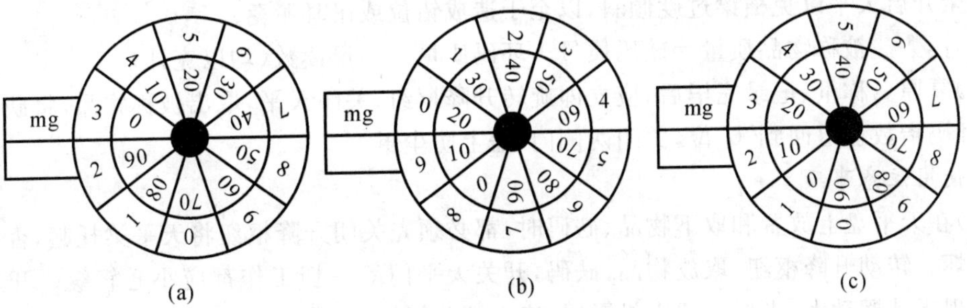

图 3－2　环码旋钮

(9)光学投影读数装置。天平处于工作状态时，可从投影屏上观察到微分标尺的刻度。每一大格代表 1 mg，每一小格代表 0.1 mg，如图 3－3 所示为 5.6 mg(0.005 6 g)。若刻线在两小格之间，则按四舍五入的原则取舍，可准确读出 1 mg 以下的重量。

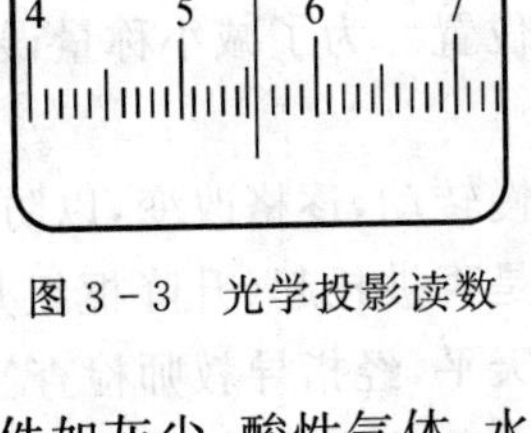

图 3－3　光学投影读数

(10)天平框罩。为防止外界条件如灰尘、酸性气体、水蒸气等侵蚀天平以及空气流动对称量的影响而设置天平框罩。左右侧门供取放物体及砝码用，中间前门供安装、维修天平用。称量时一定要将3个门关闭,防止操作人员呼出水汽腐蚀天平或空气流动影响称量准确性。框罩下装有三个支脚,前面两个可以上下调节,以调整天平的水平位置,后面一个支脚固定不动。

3.使用方法

(1)称量前的检查。取下天平防尘罩,叠平后放在天平框罩上面。称量前应首先检查天平各部分配件是否齐全,环码有无脱落,机械加码装置是否指示“000”位,吊耳有无脱落,天平盘是否清洁,天平是否处于水平位置等。

(2)调节零点。接通电源,在天平空载时小心缓慢地全部开启升降枢纽(面对天平顺时针方向旋转),待天平稳定后,观察投影屏上的刻线是否与标尺的“0”刻线重合。如不重合,可拨动升降枢纽附近的调屏拉杆,移动投影屏位置使两者重合,即已调好零点。若已将调屏拉杆调到尽头仍不能重合,则需报告指导教师来调整平衡螺丝,然后再按上述方法调好零点。零点调好后,关闭天平准备称量。

(3)称量。将欲称量物品先在台秤或百分之一电子天平上粗称,然后将其放到天平左盘中心,根据粗称的数据在天平右盘上加上相同质量的砝码。把天平升降枢纽慢慢旋转至天平半开状态,观察微分标尺的移动方向或指针的倾斜方向(微行标尺迅速移向哪一侧,哪一侧就重。若是砝码加多了,则标尺向右移动,指针向左倾斜),以判断所加砝码是否合适及如何调整。克组砝码调定后,再依次调定百毫克组及十毫克组环码。调整砝码时一定要关闭升降枢纽,按照“先大后小,折中取半”的原则加减砝码,可以迅速找到物体的质量范围。10 mg组环码确定后,慢慢旋转升降枢纽至天平处于全开状态,待光标静止后,读数。注意:砝码未完全调定时,不可完全开启天平以免横梁过度倾斜,以至于造成错位或吊耳脱落。

(4)读数。被称物品质量=砝码质量+环码质量+标尺读数(均以克计)。

(5)复原。称量、记录完毕后,应立即旋转升降枢纽,关闭天平,取出被称物品,将砝码夹回盒内,环码指数盘退回到“0”位,关闭两侧门,盖上防尘罩。

4.使用注意事项

(1)在天平盘上放置和取下物品、砝码时,都必须先关闭升降枢纽将天平梁托起,否则易使刀口损坏。转动升降枢纽,取放物品、砝码,开关天平门等一切工作都应小心轻缓。开启天平后如发现指针摆动大、光标已超出投影屏,应立即关闭旋钮,等加减砝码或环码后再进行称量,称量时必须关好天平门。

(2)热的物体不能进行称量,因为天平盘附近空气受热膨胀,上升的气流将使称量的结果不准确。天平梁也会因热膨胀影响臂长而产生误差。因此,热的物体必须放在干燥器内冷却至室温后,再进行称量。

(3)具有腐蚀性蒸气或吸湿性的物质,必须放在密闭容器内称量。

(4)取放砝码时必须用镊子夹取,不得用手直接拿取,以免弄脏砝码,使称量不准确。砝码使用完毕应该放回砝码盒中固定的位置。为了减小称量误差,在做同一实验时,所有称量要使用同一架天平和同一组砝码。

(5)使用机械加码旋钮时,要慢慢转动,逐格改变,以防损坏机械加码装置或使环码脱落。

(6)称量完毕后,应检查天平梁是否被托起(升降枢纽是否关闭),砝码及环码是否恢复原位,最后登记使用情况,用罩布罩好天平,经指导教师检查签字后,方可离开。

(7)天平内应放置干燥剂(常用变色硅胶),干燥剂应定期更换。

3.1.2　单盘电光分析天平

本书以北京产 DT－100 型单盘电光分析天平为例，介绍其构造原理、性能特点及使用方法。

1.技术规格及构造原理

DT－100 型是不等臂横梁、全机械减码式电光天平。精度等级为 4 级，最大载荷 100 g，最小分度值 0.1 mg，机械减码范围 0.1～99 g，标尺显示范围 －15～110 mg。毫克组砝码的组合误差不大于 0.2 mg，克组及全量砝码的组合误差不大于 0.5 mg。

图 3－4 所示为单盘天平主要部件的示意图，它可以表示不等臂天平的称量原理。梁上只有一个支点刀，承载悬挂系统，内含砝码及秤盘都在同一悬挂系统中。横梁的另一端挂有配重铊并安装了缩微标尺。

天平空载时，砝码都在悬挂系统中的砝码架上，开启天平后，合适的配重铊使天平梁处于平衡状态，当被称物放在秤盘上后，悬挂系统由于增加了质量而下沉，横梁失去原有的平衡，为了保持原有的平衡位置，必须减去一定质量的砝码，即用被称物替代了悬挂系统中的内含砝码，所减去的砝码质量与被称物的质量相当，这就是不等臂单盘天平的称量原理。这种天平的称量方法相当于“替代称量法”。

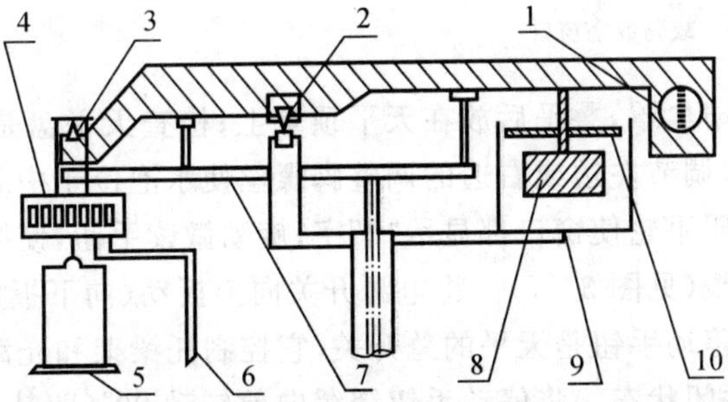

图 3－4　单盘电光分析天平横梁及悬挂系统示意图

1—缩微标尺；　2—支点刀；　3—承重刀；　4—砝码架；　5—称盘；　6—减码托；
7—托梁架；　8—配重铊；　9—阻尼筒；　10—阻尼活塞

2.性能特点

单盘天平的性能优于双盘天平，主要有以下特点。

(1)感量(或灵敏度)恒定。杠杆式天平的感量在空载与载重时不完全一致，而单盘天平在称量过程中其横梁的载荷是基本恒定的，因此感量也是不变的。

(2)没有不等臂性误差。双盘天平的两臂长度不一定完全相等，因此往往存在一定的不等臂性误差，而单盘天平的砝码与被称物同在一个悬挂系统中，承重刀与支点刀的距离是一定的，因此不存在不等臂性误差。由于采用“替代称量法”，其称量误差主要来源于内含砝码，而这种天平的棒状砝码的精度高，优于 2 等砝码。

(3)称量速度快。设有半开机构，可以在半开状态下调整砝码。横梁在半开状态下可轻微摆动，使屏上能显示约 15 个分度，足以判断调整砝码的方向，明显地缩短了调整砝码的时间。由于阻尼器效果好，使标尺平衡速度快速(约 15 s)，所以，称量速度明显地快于双盘天平。

3.使用方法

DT－100型单盘电光分析天平外形及各操作部件如图3－5和图3－6所示。

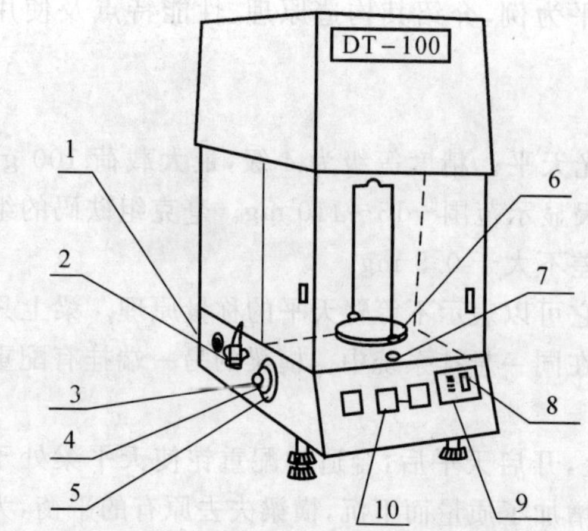

图3－5　DT－100型天平左侧外形

1—停动手钮；　2—电源开关；　3—0.1～0.9 g减码手轮；　4—1～9 g减码手轮；　5—10～90 g减码手轮；　6—称盘；　7—圆水准器；　8—微读数字窗口；　9—投影屏；　10—减码数字窗口

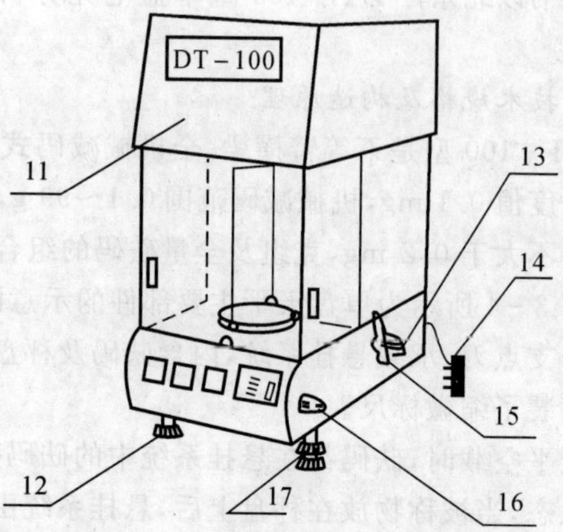

图3－6　DT－100型天平右侧外形

11—顶罩；　12—减震脚垫；　13—调零手钮；　14—外接电源线；　15—停动手钮；　16—微读手钮；　17—调整脚螺丝

(1)准备工作：打开防尘罩，叠平后放在天平顶罩上；检查天平盘是否干净；如果水平仪中的水泡偏离中心，则缓慢调节左边或右边的调整脚螺丝使水泡位于中心；如果减码数字窗口不为“0”，则调节相应的减码手轮使窗口都显示“0”字；旋动微读手钮，使微读轮上的“0”线对准微读数字窗口左边的指标线(见图3－7)。将电源开关向上扳动(向下扳用于检修)。

(2)校正天平零点：停动手钮是天平的总开关，它控制托梁架和光源的微动开关，手钮位于垂直状态时，天平处于关闭状态。将停动手钮缓缓向前转动90°(即其尖端指向操作者)，天平即处于开启状态，投影屏上显示出缓慢移动的标尺投影，待标尺稳定后，旋动天平右后方的调零手钮，使标尺上的“00”线位于投影屏右边的黑色夹线正中，即已调定零点(见图3－8)，关闭天平。

(3)称量：推开天平侧门，放被称物于秤盘中心，关上侧门；将停动手钮向后(即背向操作者)转动约30°(有一停点，勿再用力！)，此时天平处于“半开”状态，横梁可摆动15个分度左右，半开状态仅可调整砝码；先转动10～90 g减码手轮，同时观察投影屏，当转动手轮至屏中标尺向上移动并显示负值时，随即退回1个数(例如左边一个窗口的数字由2退为1)，此时已调定10 g组砝码；如此操作，再依次转动1～9 g减码手轮和0.1～0.9 g减码手轮以调定1 g组和0.1 g组砝码；将停动手钮缓缓向前转动至水平状态(天平由半开状态经关闭至全开)，待标尺停稳后，再按顺时针方向转动微读手钮使标尺中离夹线最近的一条线移至夹线中央。重复一次关、开天平，若标尺的平衡位置没有改变即可读数。标尺上每一分度为1 mg，微读轮转动10个刻度，则标尺准确移动1个分度，微读数字窗口只读1位数(0.1～0.9mg)。读数记录之后，随即关闭天平。

(4)复原：取出被称物，关上侧门，将各显示窗口的数字均恢复为“0”。重复校正零点的操作，关闭电源开关(即将电源开关扳至水平状态)，盖上防尘罩，并清洁台面。

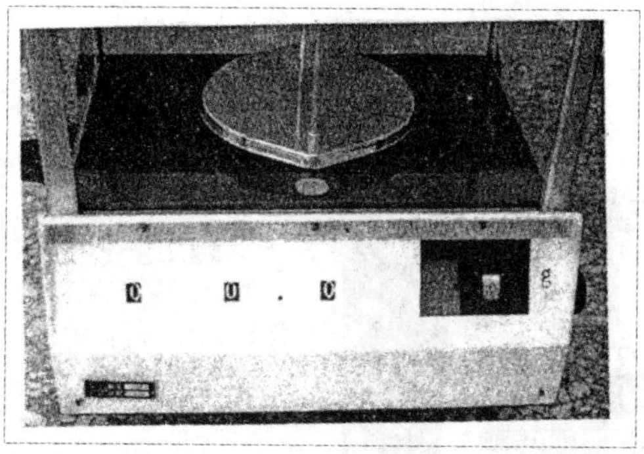

图 3-7　DT-100 型天平减码数字窗口

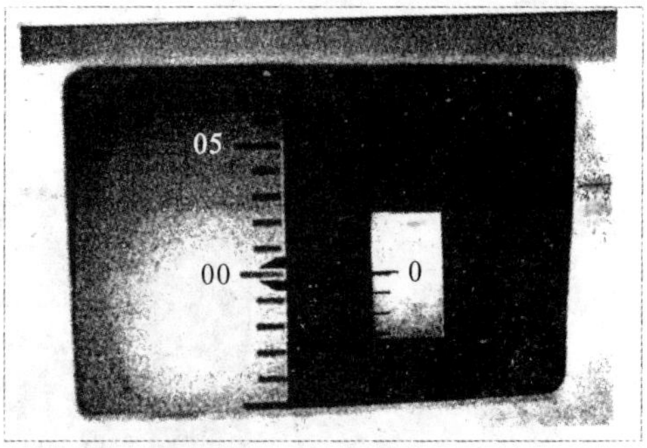

图 3-8　DT-100 型天平投影屏与标尺读数

4. 注意事项

(1)单盘电光分析天平在半开状态下可以加、减砝码,但全开状态下不允许加减砝码。不论是半开还是全开,一律不允许取放称量物。

(2)单盘电光分析天平的微读手钮只能在 0～10 刻线范围内转动,不可用力向<0 或>10 的方向转动,停动手钮转到半开状态的停点处,不可再用力转动。

3.1.3　电子分析天平

电子分析天平是最新一代的天平,是基于电磁学原理制成的,有顶部承载式(吊挂单盘)和底部承载式(上皿式)两种结构。一般的电子天平都装有小电脑,具有数字显示、自动调零、自动校准、扣除皮重、输出打印等功能,有些产品还具备数据贮存与处理等功能。电子天平操作简便,称量速度很快,在实验室中得到广泛应用。下面以 FA2004N 型电子分析天平(称量范围 0～200 g,分度值 0.1 mg)为例,介绍其结构和使用方法。

1. 原理

电子分析天平是基于电磁力平衡原理来称量的天平。其原理可简述为:在磁场中放置通电线圈,若磁场强度保持不变,线圈产生的磁力大小与线圈中的电流大小成正比,如图 3-9 所示。称物时,物体产生向下的重力,线圈产生向上的电磁力,为维持两者的平衡,反馈电路系统会很快调整好线圈中的电流大小。达到平衡时,线圈中的电流大小与物体的质量成正比。通过校正及 A/D 转换等,即可显示物体的质量。

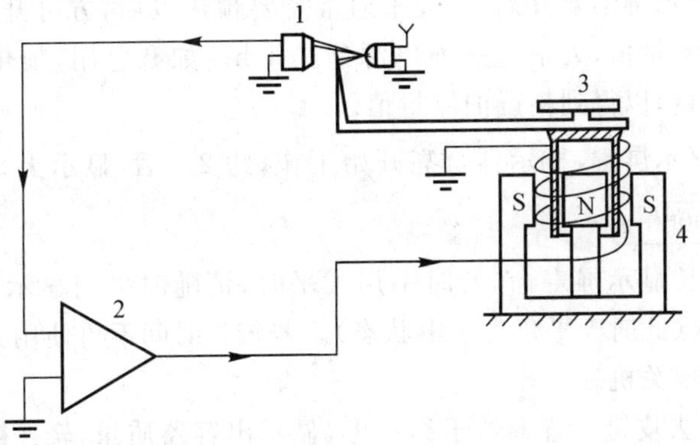

图 3-9　电子天平原理示意图

1—位置扫描器；　2—反馈电路系统；　3—秤盘；　4—磁场与线圈

2. 结构

FA2004N 型电子天平的结构如图 3－10 所示。

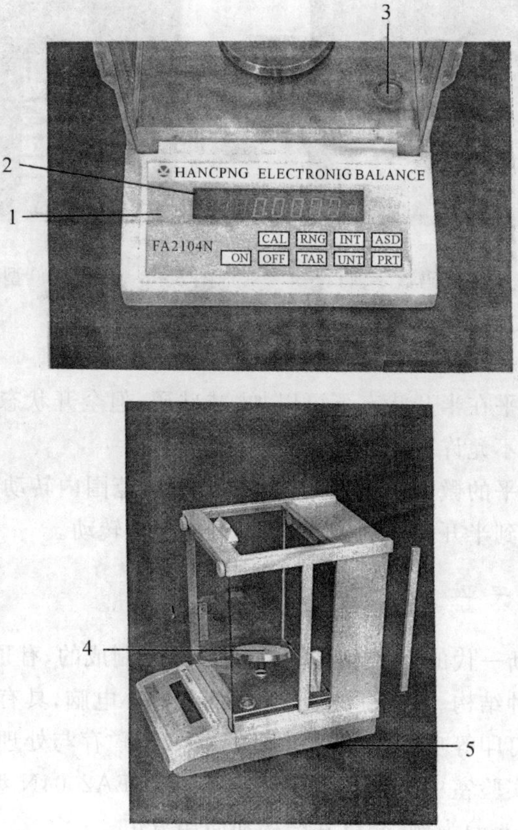

图 3－10　FA2004N 型电子天平的结构

1—操作面板；　2—显示屏；　3—水平仪；　4—称盘；　5—水平调节脚

具体功能介绍如下：

(1)开机和关机。

1)开机。选择合适电源电压，将电压转换开关置相应位置。天平接通电源即开机(为了延长显示屏寿命，此时显示屏不要开启)。天平通常需要预热以后，方可开启显示屏进行操作使用。为了得到精确的测量值，天平应接通电源预热 1 h。如有急用，预热时间不足时，可以通过天平校准后立刻称量，以得到精确的测量值。

轻按【ON】开启显示屏键，显示器全亮开始工作，约 2 s 后，显示天平的型号：|—2004—|，然后是称量模式：|0.0000 g|。

2)关机。为了延长显示屏寿命，暂时不用天平时，请随时关闭显示屏。轻按【OFF】关闭显示屏键，显示屏熄灭(此时天平仍处通电状态)。若较长时间不再使用天平，应在关闭显示屏后，再拔去电源线，实现关机。

(2)【TAR】清零、去皮键。置容器于称盘上，显示出容器质量，轻按【TAR】键，显示消隐，随即出现全零状态，容器质量显示值已去除。当拿去容器，就出现容器质量的负值。如再轻按

TAR 键，显示器全零，即天平清零。

(3)天平校准。天平存放时间较长，天平位置或环境温度等变化，显示屏上的称量单位“g”不显示，或为获得精确测量，天平在使用前一般都应进行校准操作。

校准步骤为：天平开机、空载情况下，置 Cou－0，INT－3，ASD－2，UNT－0 模式(天平开机的默认值)。轻按【TAR】键，天平清零。轻按【CAL】键，显示屏显示出现闪烁码“CAL－200”，此时放上 200 g 标准砝码，显示闪烁码“CAL－200”停止闪烁，经数秒钟后，显示出现“200.000 0 g”，拿去标准砝码，显示出现“0.000 0 g”，若显示不为零，则再清零(按去皮键)，重复以上校准操作(为了得到准确的校准结果，最好反复校准二次)。校准顺序如下所示：

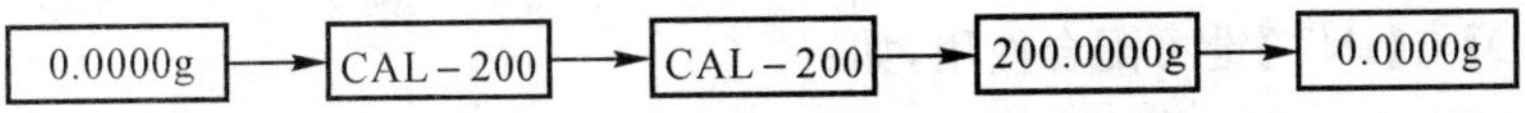

(4)【RNG】称量范围转换键。FA2004N 型电子天平为单量程天平(即只有一种读数精度，0.1 mg)，无此功能。双量程天平具有两种读数精度，具有此功能。例如型号为 FA2104SN 的天平，称量范围在 0～60 g 内，其读数精度为 0.1 mg。若总称量超过60 g，天平就自动转为 1 mg 读数精度。但通过具有 0～210 g 的去皮重功能，在总称量不超过 210 g 的范围内可分段(其分析量在 60 g 内)进行读数达 0.1 mg 的精度分析。即若容器质量超过 60 g，可轻按【TAR】键，先去除容器质量，然后称物(称物量≤60 g)，其显示读数精度仍为0.1 mg。

称量范围设置的方法为：按住【RNG】键不松手，显示器就会出现如下所示，不断循环：

如需要读数精度为 0.1 mg 一档，即当显示器出现“rng－60”即松手，随即出现等待状态“－－－－－－－”，最后出现称量状态。

(5)【UNT】量制转换键。按住【UNT】键不松手，显示器就会出现如下所示，不断循环：

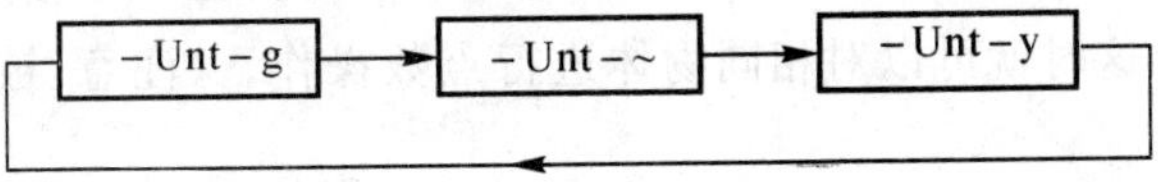

“g”表示单位克，“～”表示“米制克拉”，“y”表示单位为金药盎司。当循环到所需单位时松手，同时屏上出现等待图标“－－－－－－－”，等待几秒后，显示屏中出现所需单位，完成一次设置。

(6)【INT】积分时间调整键。按住【INT】键不松手，显示屏就会出现如下所示，不断循环：

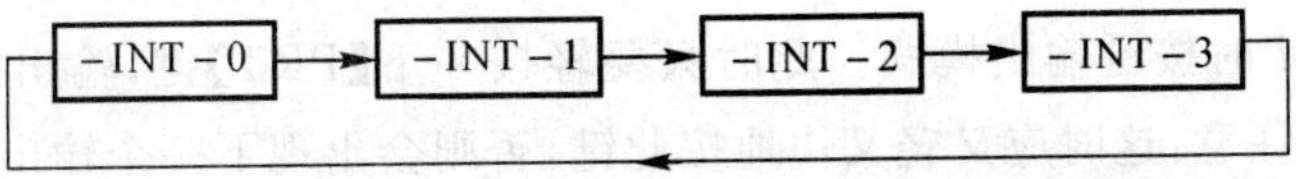

其对应的积分时间长短：－INT－0 为快速，－INT－1 为短，－INT－2 为较短，－INT－3 为较长。

当循环到所需积分时间松手，同时屏上出现等待图标“－－－－－－－”，数秒后，显示屏上出现所需积分时间图标，完成一次设置。

(7)【ASD】灵敏度调整键。灵敏度有依次循环的四种模式可供选择。按住【ASD】键不松手，显示屏会出现如下所示，不断循环：

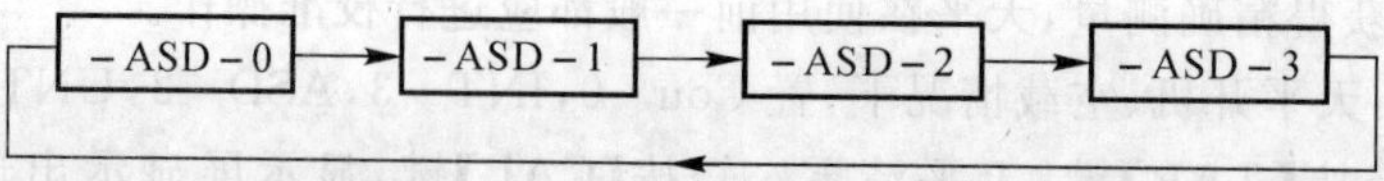

其对应的灵敏度：-ASD-0 为最高，-ASD-1 为高，-ASD-2 为较高，-ASD-3 为低。其中-ASD-0 是生产调试用模式，用户不宜使用。用【ASD】键选定灵敏度模式的办法也同【INT】键一样。

通常【ASD】与【INT】键可配合使用，如：

最快称量速度【INT—1】【ASD—3】

通常使用情况【INT—3】【ASD—2】

环境不理想时【INT—3】【ASD—3】

(8)【COU】点数功能键(双量程电子天平无此功能)。本天平具有点数功能，其平均数设有 5,10,25,50 四档。平均数范围设置方法：只要按【COU】键不松手，显示器就会出现如下所示，不断循环：

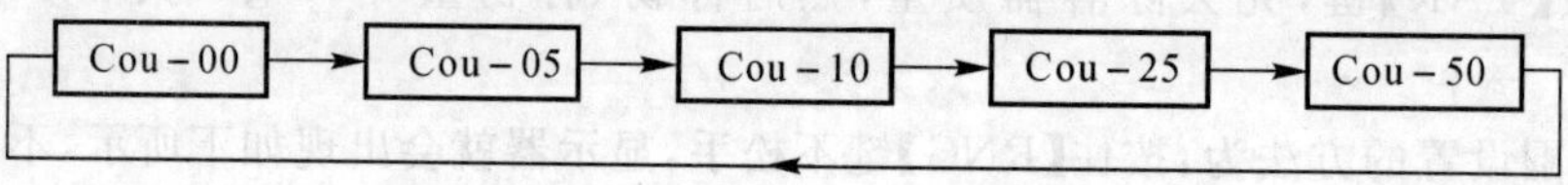

分别代表称量状态、5、10、25、50 只的平均值。

如需要一般称量功能，当显示器出现"Cou-00"时即松手，随即出现等待状态"——————"，最后出现称量状态"0.000 0 g"。

如需要进入点数状态，取 5 只的平均值，当显示器显示"Cou-05"时松手，在称盘上放入 5 只被称物，再按一下【CAL】键，随即出现"———————"等待态。数秒后，显示为"5"，拿去被称物，显示器显示"0"，这时就可以对相同物体进行点数操作。(注意，被称物体的质量不能大于天平的最大称量)。

(9)【PRT】输出模式设定键。按住【PRT】键不松手，显示器就会出现如下所示，依次循环，供用户选择：

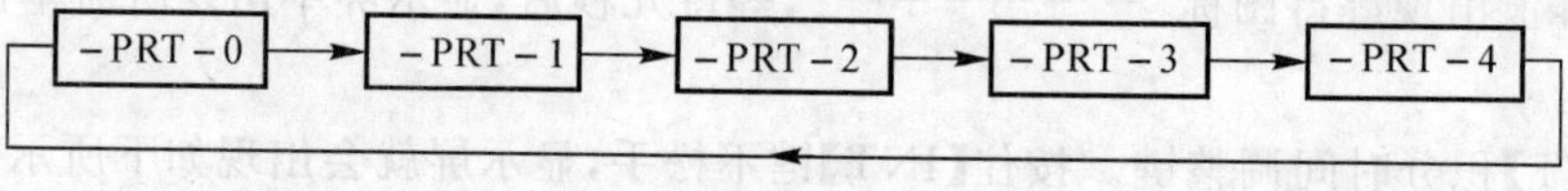

PRT-0 为非定时按键输出模式。此时只要轻按一下【PRT】键，输出接口上就输出当时的称量结果一次。注意：这时应又轻又快地按此键，否则会出现下一个输出模式。

PRT-1 为定时半分钟输出一次。

PRT-2 为定时一分钟输出一次。

PRT-3 为定时二分钟输出一次。

PRT-4 为数据连续输出。

【PRT】键模式的设定方法同【INT】键。

3. 使用方法

(1)调节水平。开机前,首先观察天平是否水平,如不水平,则通过调节左、右两个天平脚(左旋升高,右旋下降)使水平泡位于水平仪圆圈中央,保证天平水平。

(2)开机。即接通电源(电插头)。天平初次接通电源或长时间断电后开机,需预热1 h。

(3)称量。

1)直接称量:轻按【ON】键,显示屏很快出现“0. 000 0 g”。若显示不是“0. 000 0 g”,按【TAR】键,显示为“0. 000 0 g”后,置被称物于秤盘上,关上天平侧门,待天平稳定(即显示器左边的“。”图标熄灭后),天平的显示是即是被测物体的质量值,即可读数并记录称量结果。

2)去皮重称量:按【TAR】键,天平显示为“0. 0000g”后,置容器于秤盘上,天平显示容器质量,按【TAR】键,显示零,即去皮重。再置被测物于容器中,待天平稳定后,显示的是被测物的净重,读数并记录称量结果。

(4)称量完毕,取出被称物,关好天平侧门,并认真填写仪器使用记录。

(5)关机。按【OFF】键,若长时间不再使用天平,应拔下电源插头,盖上防尘罩。(若天平需要连续使用,可暂不按【OFF】键,天平将自动保持零位,随时可用。或者按【OFF】键但不拔下电源插头,只关闭显示,待称样时按下【ON】键即可使用。)

4. 注意事项

(1)天平需置于稳定的工作台上,避免振动、气流及阳光照射。

(2)天平首次使用、称量操作一段时间、放置地点变换或环境温度改变之后,应进行校准。

(3)电子天平使用时,称量物品须置于秤盘中心点;称量物品时应遵循逐次添加原则,轻拿轻放,避免对传感器造成冲击;且称量物不可超出称量范围,以免损坏天平。

(4)清零和读取称量读数时,必须关闭天平门,称量读数应立即记录在实验记录本中。

(5)称量易挥发和具有腐蚀性的物品时,要盛放在密闭的容器中,以免腐蚀和损坏电子天平。另外,若有液体滴于称盘上,立即用吸水纸轻轻吸干,不可用抹布等粗糙物擦拭。

(6)每次使用完天平后,应对天平内部、外部周围区域进行清理,不可把待称量物品长时间放置于天平周围,影响后续使用。

(7)天平载重不得超过其最大负荷。

3.1.4　试样的称量方法

在分析化学实验中,称取试样经常用到的方法有:指定质量称量法、递减称量法及直接称量法。

1. 指定质量称量法(固定质量称量法)

在分析化学实验中,当需要用直接法配制指定浓度的标准溶液时,常常用指定质量称量法来称取基准物质。此法只能用来称取不易吸湿的,且不与空气中各种组分发生作用的、性质稳定的粉末状物质,不适用于块状物质的称量。

具体操作方法如下:首先调节好天平的零点,用金属镊子将清洁干燥的深凹型小表面皿(通常直径为6 cm,也可以使用扁型称量瓶)放到左盘上,在右盘加入等重的砝码使其达到平衡。再向右盘增加约等于所称试样质量的砝码(一般准确至10 mg即可),然后用小牛角勺向左盘上表面皿内逐渐加入试样，半开天平进行试重。直到所加试样只差很小质量时（如用电光天平称量，此量应小于微分标牌满标度，通常为 10 mg），便可以开启天平，极其小心地以左手持盛有试样的牛角勺，伸向表面皿中心部位上方约 2～3 cm 处，用左手拇指、中指及掌心拿稳牛角勺，以食指轻弹（最好是摩擦）牛角勺柄，让勺里的试样以非常缓慢的速度抖入表面皿（见图 3-11）。这时，眼睛既要注意牛角勺，同时也要注视着微分标尺投影屏，待微分标尺正好移动到所需要的刻度时，立即停止抖入试样，注意此时右手不要离开升降枢纽。

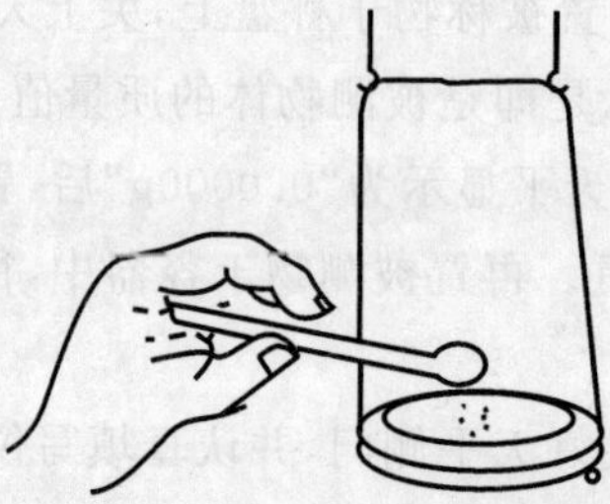

图 3-11　指定质量称量操作

此步操作必须十分仔细，若不慎多加了试样，只能关闭升降枢纽，用牛角勺取出多余的试样，再重复上述操作直到合乎要求为止。然后，取出表面皿，将试样直接转入接收器。

若使用电子天平，置容器或称量纸于秤盘上，待示值稳定后，按去皮键[TAR]清零，再用药匙慢慢加试样，天平即显示所加试样的质量，直至天平显示所需试样的质量为止。

操作时应注意：

（1）加样或取出牛角勺时，试样决不能失落在秤盘上。开启天平加样时，切忌抖入过多的试样，否则会使天平突然失去平衡。

（2）称好的试样必须定量地由表面皿直接转入接收器。若试样为可溶性盐类，沾在表面皿上的少量试样粉末可用蒸馏水吹洗入接收器。

2. 递减（差减）称量法

称取试样的质量由两次称量之差求得，故也称差减法或减量法。易吸水、易氧化或易与 CO_2 反应的试样，可用此法称量。

操作方法如下：用手拿住表面皿的边沿，连同放在上面的称量瓶一起从干燥器里取出。用小纸片夹往称量瓶盖柄，打开瓶盖，将稍多于需要量的试样用牛角勺加入称量瓶，盖上瓶盖，用清洁的纸条叠成约 1 cm 宽的纸带套在称量瓶上，左手拿住纸带尾部（见图 3-12），把称量瓶放到天平左盘的正中位置，选取适量的砝码放在右盘上使之平衡，称出称量瓶加试样的准确质量（准确到 0.1 mg），记下砝码的数值。左手仍用原纸带将称量瓶从天平盘上取下，拿到接收器的上方，右手用纸片夹住瓶盖柄，打开瓶盖，但瓶盖也不离开接收器上方。将瓶身慢慢向下倾斜，这时原在瓶底的试样逐渐流向瓶口。用瓶盖轻轻敲击瓶口上部，使试样缓缓落入接受容器内，待加入的试样量接近需要量时（通常从体积上估计或试重得知），一边继续用瓶盖轻敲瓶口，一边逐渐将瓶身竖直，使沾在瓶口附近的试样落入接受容器或落回称量瓶底部。然后盖好瓶盖，把称量瓶放回天平左盘，取出纸带，关好左边门，准确称其质量。两次称量读数之差即为倒入接受容器里的第一份试样质量。若称取三份试样，则连续称量四次即可。

操作时应注意：

(1)若倒入的试样量不够时，可重复上述操作；如倒入的试样量大大超过所需量，则只能弃去重称。

(2)盛有试样的称量瓶除放在表面皿和秤盘上，或用纸带拿在手中外，不得放在其他地方，以免沾污。

(3)套上或取出纸带时，不要碰着称量瓶口，纸带应放在清洁的地方。

(4)沾在瓶口上的试样应尽量处理干净，以免沾到瓶盖上或丢失。

(5)要在接受容器的上方打开瓶盖，以免可能黏附在瓶盖上的试样失落它处。

递减称量法比较简便、快速、准确，在分析化学实验中常用来称取待测样品和基准物，是最常用的一种称量方法。倾样操作见图 3－13。

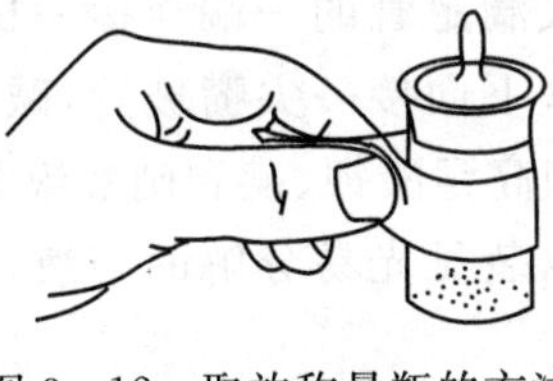

图 3－12　取放称量瓶的方法

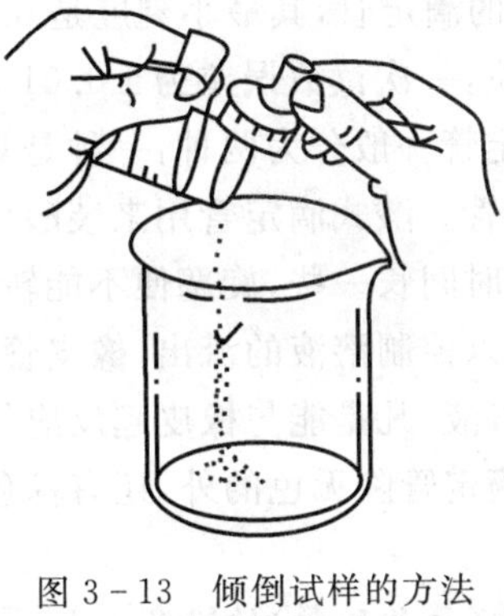

图 3－13　倾倒试样的方法

3. 直接称量法

对某些在空气中没有吸湿性的试样或试剂，如金属、合金等，可以用直接称量法称样。即用牛角勺取试样，放在已知质量的清洁而干燥的表面皿或硫酸纸上，一次称取一定质量的试样，然后将试样全部转移到接受容器中。

放在空气中的试样通常都含有湿存水，其含量随试样的性质和条件而变化。因此，不论用上面哪种方法称取试样，在称量前均必须采用适当的干燥方法，将其除去。

(1)对于性质稳定不易吸湿的试样，可将试样薄薄地铺在表面皿或蒸发皿上，然后放入烘箱，在指定温度下，干燥一定时间，取出后放在干燥器里冷却，最后转移至磨口试剂瓶里备用。盛样试剂瓶通常存放在不装干燥剂的干燥器里。经过干燥处理的试样即可放入称量瓶，用递减法称量。称取单份试样也可使用表面皿。

(2)对于易潮解的试样，可将试样直接放在称量瓶里干燥，干燥时应把瓶盖打开，干燥后把瓶盖松松地盖住，放入干燥器中，放在天平箱近旁冷却。称量前应将瓶盖稍微打开一下立即盖严，然后称量。需要特别指出的是，由于这类试样很容易吸收空气中的水分，故不宜采用递减称样法连续称量，一个称量瓶一次只能称取一份试样，并且，倒出试样时应尽量把瓶中的试样倒净，以免剩余试样再次吸湿而影响准确性。因此，要求最初加入称量瓶里的试样量，尽可能接近需要量。整个称量过程进行要快。如果需要称取两份试样，则应用两个称量瓶盛试样进行干燥。这种“一个称量瓶一次只称取一份试样”的方法是在要求较高的情况下才采用。

(3)对于含结晶水的试样，如果在除去湿存水的同时，结晶水也会失去的话，则不宜进行烘干。此时，所得分析结果应以“湿样品”表示。受热易分解的试样，也应如此。

3.2　滴定分析基本操作

定量分析中常用的玻璃量器(简称量器)有滴定管、吸量管、微量进样器、容量瓶、量筒和量杯等,它们的正确使用是分析化学实验的基本操作技能,必须正确地掌握选择和使用玻璃量器以及检查其容积的方法。

3.2.1　滴定管及其使用

滴定管是滴定时用来准确测量流出的操作溶液体积的量器。常量分析最常用的是容积为50 mL和25 mL的滴定管,其最小刻度是0.1 mL,最小刻度间可估计到0.01 mL,因此读数可达小数后第二位,一次读数误差为±0.01 mL。另外,还有容积为10 mL、5 mL和1 mL的微量滴定管。滴定管一般分为两种:一种是具塞滴定管,常称酸式滴定管;另一种是无塞滴定管,常称碱式滴定管。酸式滴定管用来装酸性及氧化性溶液,但不适于装碱性溶液,因为碱性溶液能腐蚀玻璃,时间长一些,旋塞便不能转动。碱式滴定管的一端连接一橡皮管或乳胶管,管内装有玻璃球,以控制溶液的流出,橡皮管或乳胶管下面接一尖嘴玻管,碱式滴定管用来装碱性及无氧化性溶液,凡是能与橡皮起反应的溶液,如高锰酸钾、碘和硝酸银等溶液,都不能装入碱式滴定管。滴定管除无色的外,还有棕色的,用以装见光易分解的溶液,如$AgNO_3$,$KMnO_4$等溶液。

1.酸式滴定管(简称酸管)的准备

酸管是滴定分析中经常使用的一种滴定管。除了强碱溶液外,其他溶液作为滴定剂时一般均采用酸管。

(1)使用前,首先应检查旋塞与旋塞套是否配合紧密。如不密合,将会出现漏水现象,则不宜采用。其次,应进行充分的清洗。根据沾污的程度,可采用下列方法。

1)用自来水冲洗。

2)用滴定管刷蘸合成洗涤剂刷洗,但铁丝部分不得碰到管壁(如用泡沫刷代替毛刷更好)。

3)用前法不能洗净时,可用铬酸洗液洗。为此,加入5～10 mL洗液,边旋动边将滴定管放平,并将滴定管口对着洗液瓶口,以防洗液洒出。洗净后将一部分洗液从管口放回原瓶,最后打开旋塞,将剩余的洗液从出口管放回原瓶,必要时可加满洗液进行浸泡。

4)可根据具体情况采用针对性洗涤液进行清洗,如管内壁留有残存的二氧化锰时,可应用亚铁盐溶液或过氧化氢加酸溶液进行清洗。

用各种洗涤剂清洗后,都必须用自来水充分洗净,并将管外壁擦干,以便观察内壁是否挂水珠。

(2)为了使旋塞转动灵活并克服漏水现象,需将旋塞涂油(如凡士林)。操作方法如下。

1)取下旋塞小头处的小橡皮圈,再取出旋塞。

2)用吸水纸将旋塞和旋塞套擦干,并注意勿使滴定管壁上的水再次进入旋塞套。

3)用手指将凡士林涂抹在旋塞的大头上,另用纸卷或火柴梗将凡士林涂抹在旋塞套的小口内侧(见图3-14)。也可用手指均匀地涂一薄层凡士林于旋塞两头(见图3-15),凡士林涂得太少,旋塞转动不灵活,且易漏水;涂得太多,旋塞孔容易被堵塞。不论采用哪种方法,都不要将凡士林涂在旋塞孔上、下两侧,以免旋转时堵塞旋塞孔;

图 3-14　旋塞大头和旋塞套小口内侧涂凡士林

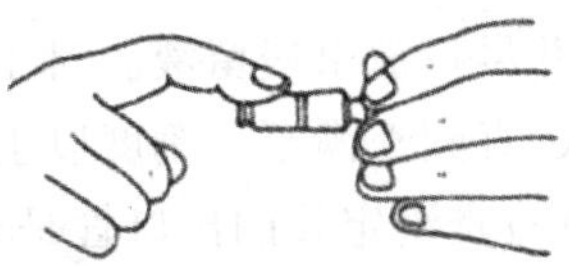
图 3-15　旋塞涂凡士林

4)将旋塞插入旋塞套中。插时，旋塞孔应与滴定管平行，径直插入旋塞套，不要转动旋塞，这样可以避免将凡士林挤到旋塞孔中去。然后，向同一方向旋转塞柄，直到旋塞和旋塞套上的凡士林层全部透明为止，套上小橡皮圈。

经上述处理后，旋塞应转动灵活，凡士林层没有纹络。

(3)用自来水充满滴定管，将其放在滴定管架上静置约 2 min，观察有无水滴漏下，然后将其旋转 180°，再如前检查，如果漏水，应该重新涂油。

若出口管尖被凡士林堵塞，可将它插入热水中温热片刻，然后打开旋塞，使管内的水突然流下，将软化的凡士林冲出。凡士林排出后即可关闭旋塞。

管内的自来水从管口倒出，出口管内的水从旋塞下端放出。注意，从管口将水倒出时，不要打开旋塞，否则旋塞上的凡士林会冲入滴定管，使内壁重新被沾污。然后用蒸馏水洗三次。第一次取 10 mL 左右，第二及第三次各取 5 mL 左右。洗涤时，双手持滴定管身两端无刻度处，边转动边倾斜滴定管，使水布满全管并轻轻振荡。然后直立，打开旋塞将水放掉，同时冲洗出口管。也可将大部分水从管口倒出，再将其余的水从出口管放出。每次放掉水时应尽量不使水残留在管内。最后，将管的外壁擦干。

2.碱式滴定管(简称碱管)的准备

使用前应检查乳胶管和玻璃球是否完好。若胶管已老化，玻璃球过大(不易操作)或过小(漏水)，应予更换。

碱管的洗涤方法与酸管相同。在需要用洗液洗涤时，可除去乳胶管，用橡胶乳头堵塞碱管下口进行洗涤。如必须用洗液浸泡，则将碱管倒夹在滴定管架上，管口插入洗液瓶中，乳胶管处连接抽气泵，用手捏玻璃球处的乳胶管，吸取洗液，直到充满全管，然后放手，任其浸泡。浸泡完毕后，轻轻捏乳胶管，将洗液缓缓放出。也可更换一根装有玻璃球的乳胶管，将玻璃球往上捏，使其紧贴在碱管的下端，这样便可直接倒入洗液浸泡。

在用自来水冲洗或用蒸馏水清洗碱管时，应特别注意玻璃球下方死角处的清洗。为此，在捏乳胶管时应不断改变方位，使玻璃球的四周都洗到。

3.操作溶液的装入

装入操作溶液前，应将试剂瓶中的溶液摇匀，使凝结在瓶内壁上的水珠混入溶液，这在天气比较热、室温变化较大时更为必要。混匀后将操作溶液直接倒入滴定管中，不得用其他容器(如烧杯、漏斗等)来转移。此时，左手前三指持滴定管上部无刻度处，并可稍微倾斜。右手拿住细口瓶往滴定管中倒溶液。小瓶可以手握瓶身(瓶签向手心)，大瓶则仍放在桌上。手拿瓶颈使瓶慢慢倾斜，让溶液慢慢沿滴定管内壁流下。

用摇匀的操作溶液将滴定管洗三次(第一次 10 mL，大部分溶液可由上口放出。第二、三次各 5 mL,可以从出口管放出,洗法同前)。应特别注意的是,一定要使操作溶液洗遍全部内壁,并使溶液接触管壁 1～2 min,以便于原来残留的溶液混合均匀。每次都要打开旋塞冲洗出口管,并尽量放出残留液。对于碱管,仍应注意玻璃球下方的洗涤。最后,关好旋塞,将操作溶液倒入,直到充满至 0 刻度以上为止。

注意检查滴定管的出口管是否充满溶液,酸管出口管及旋塞透明,容易检查(有时旋塞孔中暗藏着的气泡,需要从出口管放出溶液时才能看见);碱管则需对光检查乳胶管内及出口管内是否有气泡或有未充满的地方。为使溶液充满出口管,在使用酸管时右手拿滴定管上部无刻度处,并使滴定管倾斜约 30°,左手迅速打开旋塞使溶液冲出(下面用烧杯承接溶液),这时出口管中应不再留有气泡。若气泡仍未能排出,可重复操作。如仍不能使溶液充满,可能是出口管未洗净,必须重洗。在使用碱管时,装满溶液后,应将其垂直地夹在滴定管架上,左手拇指和食指拿住玻璃球所在部位并使乳胶管向上弯曲,出口管斜向上,然后在玻璃球部位往一旁轻轻捏橡皮管,使溶液从管口喷出(见图 3－16),下面用烧杯接溶液,再一边捏乳胶管一边把乳胶管放直,注意应在乳胶管放直后,再松开拇指和食指,否则出口管仍会有气泡。最后,将滴定管的外壁擦干。

4.滴定管的读数

读数时应遵循下列原则。

(1)装满或放出溶液后,必须等 1～2 min,使附着在内壁的溶液流下来,再进行读数。如果放出溶液的速度较慢(例如,滴定到最后阶段,每次只加半滴溶液时,等 0.5～1 min 即可读数,每次读数前要检查一下管壁是否挂水珠,管尖是否有气泡。

(2)读数时,滴定管可以夹在滴定管架上,也可以用手拿滴定管上部无刻度处。不管用哪一种方法读数,均应使滴定管保持垂直。

(3)对于无色或浅色溶液,应读取弯月面下缘最低点。读数时,视线在弯月面下缘最低点处,且与液面成水平(见图 3－17);溶液颜色太深时,可读液面两侧的最高点,此时,视线应与该点成水平。注意初读数与终读数应采用同一标准。

(4)必须读到小数点后第二位,即要求估读到 0.01 mL。注意,估计读数时,应该考虑到刻度线本身的宽度。

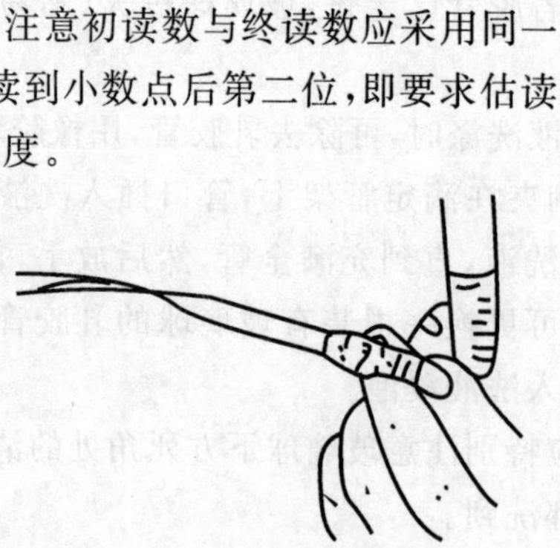

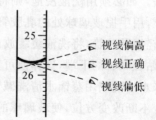

图 3－16　碱管排气泡的方法

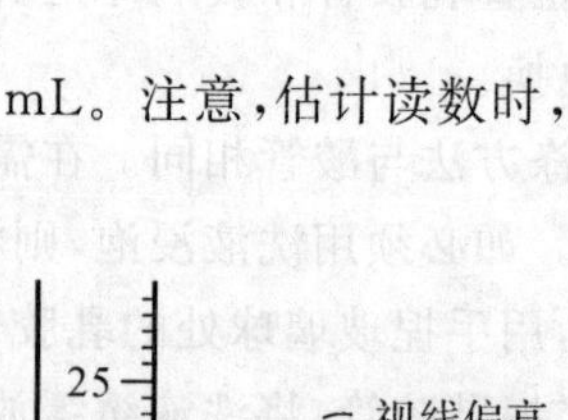

图 3－17　滴定管读数时视线的位置

(5)为了便于读数,可在滴定管后衬一黑白两色的读数卡。读数时,将读数卡衬在滴定管背后,使黑色部分上缘在弯月面下约 1 mm,弯月面的反射层即全部成为黑色(见图 3－18)。读此黑色弯月面下缘的最低点。但对深色溶液而须读两侧最高点时,可以用白色卡片作为背景。

(6)若为乳白板蓝线衬背滴定管,应当取蓝线上下两尖端相对点的位置读数。

(7)读取初读数前,应将管尖悬挂着的溶液除去。滴定至终点时应立即关闭旋塞,并注意不要使滴定管中溶液有稍微流出,否则终读数便包括流出的半滴溶液。因此,在读取终读数前应注意检查出口管尖是否悬有溶液,如有,则此次读数不能取用。

5. 滴定管的操作方法

进行滴定时,应将滴定管垂直地夹在滴定管架上。

如使用的是酸管,左手无名指和小指向手心弯曲,轻轻地贴着出口管,用其余三指控制旋塞的转动(见图 3－19(a)。但应注意不要向外拉旋塞,以免推出旋塞造成漏水;也不要过分往里扣,以免造成旋转动困难,不能操作自如。

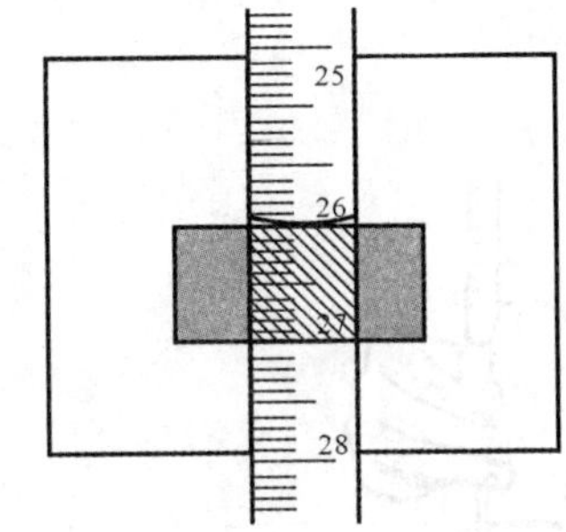

图 3－18　用读数卡读数

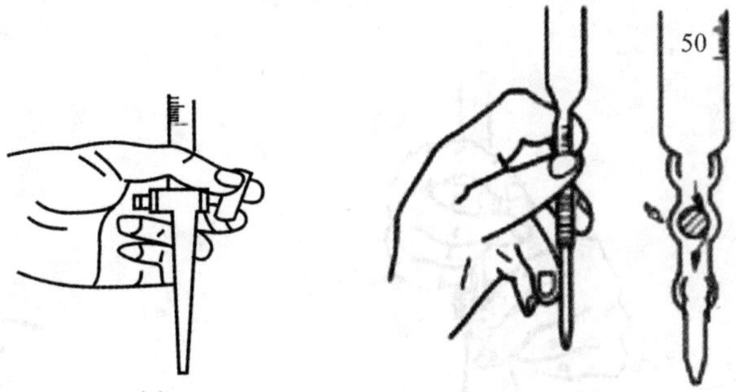

(a)　(b)

图 3－19　酸式滴定管(a)和碱式滴定管(b)的操作

如使用的是碱管,左手无名指及小指夹住出口管,拇指与食指在玻璃球所在部位往一旁(左右均可)捏乳胶管,使溶液从玻璃球旁空隙处流出(见图 3－19(b))。注意:①不要用力捏玻璃球,也不能使玻璃球上下移动;②不要捏到玻璃球下部的乳胶管,以免空气进入产生气泡;③停止加液时,应先松开拇指和食指,最后才松开无名指与小指。

无论使用哪种滴定管,都必须掌握下面三种加液方法:①逐滴连续滴加;②加一滴;③使液滴悬而未落,即加半滴。

6. 滴定操作方法

滴定操作可在锥形瓶或烧杯内进行,并以白瓷板作背景。

在锥形瓶中进行滴定时,用右手前三指拿住瓶颈,使瓶底离瓷板约 2～3 cm,同时调节滴定管的高度,使滴定管的下端伸入瓶口约 1 cm。左手按前述方法滴加溶液,右手运用腕力摇动锥形瓶,边滴加边摇动(见图 3－20)。滴定操作中应注意以下几点:

(1)摇瓶时,应使溶液向同一方向作圆周运动(左、右旋均可),但勿使瓶口接触滴定管,溶液也不得溅出。

(2)滴定时,左手不能离开旋塞任其自流。

(3)注意观察液滴落点周围溶液颜色的变化。

(4)开始时,应边摇边滴,滴定速度可稍快,但不要使溶液流成“水线”。接近终点时,应改为加一滴,摇几下。最后,每加半滴,即摇动锥形瓶,直至溶液出现明显的颜色变化。加半滴溶液的方法如下:微微转动旋塞,使溶液悬挂在出口管嘴上,形成半滴,用锥形瓶内壁将其沾落再用洗瓶以少量蒸馏水吹洗瓶壁。

用碱管加半滴溶液时,应先松开拇指与食指,将悬挂的半滴溶液沾在锥形瓶内壁上,再放开无名指与小指，这样可以避免出口管尖出现气泡。

(5)每次滴定最好都从 0.00 mL 开始(或从 0 附近的某一固定刻线开始)，这样可减小误差。

在烧杯中进行滴定时，将烧杯放在白瓷板上，调节滴定管的高度，使滴定管下端伸入烧杯内 1 cm 左右。滴定管下端应在烧杯中心的左后方处，但不要靠壁过近。右手持搅拌棒在右前方搅拌溶液。在左手滴加溶液(见图 3-21)的同时，搅拌棒应作圆周搅动，但不得接触烧杯壁和底。

当加半滴溶液时，用搅拌棒下端承接悬挂的半滴溶液，放入溶液中搅拌。注意，搅拌棒能接触液滴，不能接触滴定管尖。其他注意点同上。

图 3-20　在锥形瓶中滴定的操作姿势

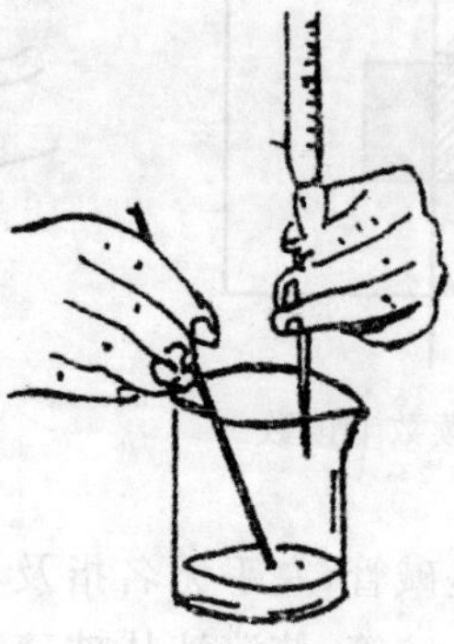

图 3-21　在烧杯中滴定的操作姿势

7. 滴定结束后滴定管的处理

滴定结束后，滴定管内剩余的溶液应弃去，不得将其倒回原瓶，以免沾污整瓶操作溶液。随即洗净滴定管，并用蒸馏水充满全管，垂直夹在滴定管架上备用。

3.2.2　移液管、吸量管及其使用

移液管是用于准确量取一定体积溶液的量出式玻璃量器，亦称单标线吸量管，它的中腰膨大，上下两端细长，上端刻有环形标线，膨大部分标有它的容积和标定时的温度(见图 3-22(a))。将溶液吸入管内，使液面与标线相切，再放出，则放出的溶液体积就等于管上标示的容积。常用移液管的容积有 5 mL，10 mL，25 mL 和 50 mL 多种。由于读数部分管径小，其准确性较高。

吸量管是具有分刻度的玻璃管，如图 3-22(b)(c)(d)所示。它一般用于量取小体积的溶液。常用的吸量管有 1 mL，2 mL，5 mL，10 mL 等规格。吸量管可以准确量取所需要的刻度范围内某一体积的溶液，但其准确度没有移液管的高。因此进行滴定分析时应尽可能使用移液管量取溶液。

移液管和吸量管在使用前应按下法洗到内壁及其下部的外壁都不挂水珠：将移液管或吸量管插入洗液中，用洗耳球将洗液慢慢吸至管容积 1/3 处，用食指按住管口，把管横过来润洗，

然后将洗液放回原瓶。如果内壁严重污染，则应把吸管放入盛有洗液的大量筒或高型玻璃缸中，浸泡 15 min 到数小时，取出后用自来水及纯水冲洗干净备用。

移液管和吸量管的使用方法如下。

1. 润洗

移取溶液前，可用吸水纸将洗干净的移液管或吸量管的管尖端内外的水除去，然后用待吸溶液润洗 3 次。吸取溶液时，用左手拿洗耳球，将食指或拇指放在洗耳球的上方，其余手指自然地握住洗耳球，用右手的拇指和中指拿住移液管或吸量管标线以上的部分，无名指和小指辅助拿住移液管，将洗耳球对准移液管口，如图 3－23 所示，再将管尖伸入溶液中吸取，待溶液被吸至管体积的约四分之一处时（注意勿使溶液流回，以免稀释溶液），移去洗耳球，迅速用右手食指堵住管口，取出移液管，将管横过来润洗，然后让溶液从尖口放出、弃去，如此反复润洗 3 次。润洗是保证移取的溶液与待吸溶液浓度一致的重要步骤。

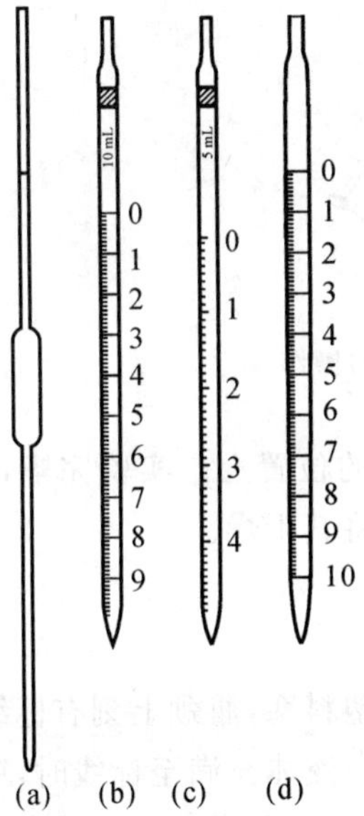

图 3－22　移液管(a)和吸量管(b)(c)(d)

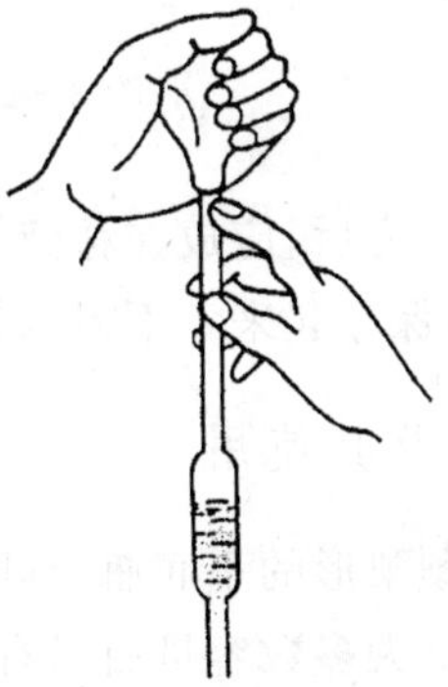

图 3－23　吸取溶液的操作

2. 移取溶液

移液管经润洗后，可直接插入待吸液液面下约 1～2 cm 处吸取溶液，注意管尖不要伸入太浅，以免液面下降后造成空吸；也不宜伸入太深，以免移液管外部附有过多的溶液。吸液时，应使管尖随液面下降而下降。当洗耳球慢慢放松时，管中的液面徐徐上升，待液面上升至标线以上时，迅速移去洗耳球。与此同时，用右手食指堵住管口，左手改拿盛待吸液的容器。然后，将移液管往上提起，使之离开液面，并使容器倾斜约 30°，让其内壁与移液管尖紧贴，此时右手食指微微松动，使液面缓慢下降，直到视线平视时弯月面与标线相切，这时立即用食指按紧管口。移开待吸液容器，左手改拿接受溶液的容器，并将接受容器倾斜 30°左右，使内壁紧贴移液管尖。接着放松右手食指，使溶液自然地顺壁流下，如图 3－24 所示。待液面下降到管尖后，等 10～15 s 左右，移出移液管。这时，管尖部位仍留有少量溶液，对此，除特别注明“吹”字的以外，此管尖部位留存的溶液是不能吹入接受容器中的，因为在工厂生产检定移液管时没有把这部分体积算进去。需要指出的是，由于一些移液管尖部做得不很圆滑，因此管尖部位留存溶液的体积可能会因接受容器内壁与管尖接触的位置不同而有所差别。为避免出现这种情况，可在等待的 15 s 过程中，左右旋动移液管，这样管尖部位每次留存的溶液体积就会基本相同。

用吸量管移取溶液的操作与用移液管移取基本相同。对于标有"吹"字的吸量管，在放出溶液时，应将存留管尖部位的溶液吹入接受容器内。有些吸量管的刻度离管尖尚有 1～2 cm，放出溶液时也应注意。实验中，要尽量使用同一支吸量管，以免带来误差。

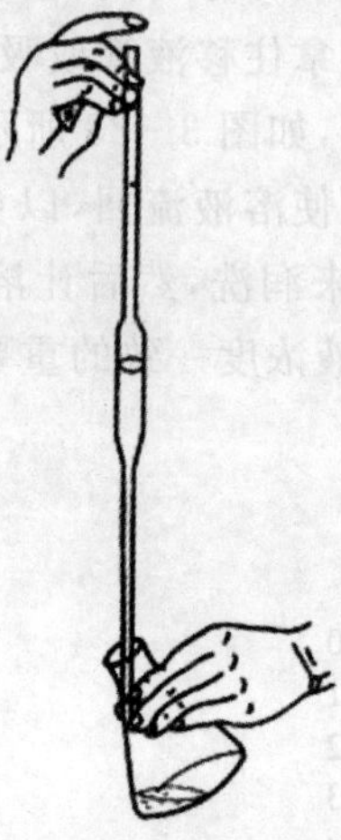

图 3－24　放出溶液的操作

移液管和吸量管用完后，应放在移液管架上指定的位置上。实验完毕，应将其用自来水、蒸馏水分别冲洗干净，保存起来。不得以加热的方式将其干燥。

3.2.3　容量瓶及其使用

容量瓶是一种细颈梨形的平底瓶，具磨口玻塞或塑料塞，瓶颈上刻有标线。瓶上标有它的容积和标定时的温度。大多数容量瓶只有一条标线，当液体充满至标线时，瓶内所装液体的体积和瓶上标示的容积相同，但也有刻有两条标线的，上面一条表示量出的容积。量入式的符号为 In(或 E)，量出式的符号为 E_x(或 A)。常用的容量瓶有 50 mL，100 mL，250 mL，500 mL，1 000 mL等多种规格，容量瓶主要是用来把精密称量的物质准确地配成一定容积的溶液，或将准确容积的浓溶液稀释成准确容积的稀溶液，这种过程通常称为"定容"。

容量瓶使用前也要洗净，洗涤原则和方法同前。

如果要由固体配制准确浓度的溶液，通常将固体准确称量后放入烧杯中，加少量纯水(或适当溶剂)使它溶解，然后定量地转移到容量瓶中。转移时，玻璃棒下端要靠住瓶颈内壁，使溶液沿瓶壁流下(见图 3－25)。溶液流尽后，将烧杯轻轻顺玻璃棒上提，使附在玻璃棒、烧杯嘴之间的液滴回到烧杯中。用洗瓶挤出的水流冲洗烧杯数次，每次按上法将洗涤液完全转移到容量瓶中，然后用纯水稀释。当水加至容积的 2/3 处时，旋摇容量瓶，使溶液混合(注意不能倒转容量瓶)。在加水至接近标线时，可以用滴管逐滴加水，至弯月面最低点恰好与标线相切。盖紧瓶塞，一手食指压住瓶塞，另一手的大、中、食三个指头托住瓶底，倒转容量瓶，使瓶内气泡上升到顶部，摇动数次，再倒过来如此反复倒转摇动十多次，使瓶内溶液充分混合均匀(见图 3－26)。为了使容量瓶倒转时溶液不致渗出，瓶塞与瓶必须配套。

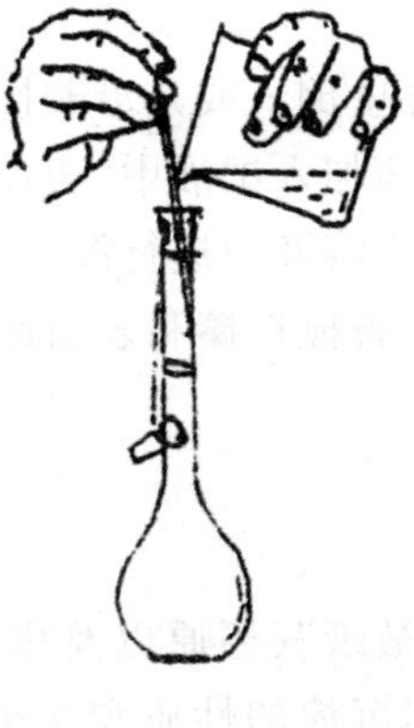

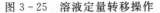

图 3-25 溶液定量转移操作

图 3-26 溶液的混匀

不宜在容量瓶内长期存放溶液。如果溶液需使用较长时间，应将它转移入试剂瓶中，该试剂瓶应预先经过干燥或用少量该溶液润洗 2～3 次。

由于温度对量器的容积有影响，所以使用时要注意溶液的温度、室温以及量器本身的温度。此外，容量瓶不能在烘箱中烘烤，也不能在电炉等加热器上直接加热。如需使用干燥的容量瓶，可在洗净后用乙醇等有机溶剂荡洗，然后晾干或用电吹风的冷风吹干。若长期不用，在洗净擦干磨口后，用纸片将磨口隔开。

3.3 重量分析基本操作

3.3.1 样品的溶解

先准备好洁净的烧杯，配上玻璃棒和表面皿，玻璃棒应比烧杯高 5～7 cm，表面皿直径略大于烧杯口直径。烧杯内壁和底不应有纹痕。

称取样品于烧杯中并用表面皿盖好，对于不同的样品溶解时操作不同：

(1)一般样品，溶解时先取下表面皿，将溶剂沿杯壁或玻璃棒加入(玻璃棒下端紧靠杯壁)边加边搅拌，直至样品完全溶解。

(2)若溶样时有气体产生，应先用少量水湿润样品，盖上表面皿，由烧杯嘴与表面皿之间的缝隙滴加溶剂。待气泡消失后，再用玻璃棒搅拌使其溶解。样品溶解后，用洗瓶吹洗表面皿的凸面，流下来的水应沿杯壁流入烧杯，并吹洗烧杯内壁。

(3)溶样时如需加热，可在电炉上进行，但加热时只能微热或微沸，不能暴沸，并须盖上表面皿。如溶样后需蒸发，可在烧杯口放上玻璃三角或沿杯壁挂上三个玻璃钩，盖上表面皿加热蒸发。

3.3.2 沉淀

沉淀进行的条件，即沉淀时溶液的温度，试剂加入的次序、浓度、数量、速度以及沉淀的时间等，应按方法中的规定进行。

沉淀所需的试剂溶液，其浓度准确至1%就足够了，固体试剂一般只需用台秤称取，溶液用量筒量取。

试剂如果可以一次加到溶液里去，则应沿着烧杯壁倒入或是沿着搅拌棒加入，注意勿使溶液溅出。通常进行沉淀操作时是用滴管将沉淀剂逐滴加入试液中，边加边搅拌，以免沉淀剂局部过浓，搅拌时不要使搅拌棒敲打和刻划杯壁，若在热溶液中进行沉淀，最好用水浴加热，勿使溶液沸腾，以免溶液溅出。进行沉淀所用的烧杯须配备搅拌棒和表面皿。

3.3.3 沉淀的过滤和洗涤

1. 沉淀的过滤

(1)滤器的选择：首先根据沉淀在灼烧中是否会被纸灰还原以及称量物的性质，确定采用过滤坩埚还是滤纸来进行过滤。若采用滤纸，则根据沉淀的性质和多少选择滤纸的类型和大小，如对 $BaSO_4$，CaC_2O_4 等细晶形沉淀，应选用较小而紧密的滤纸(直径 9～11 cm，慢速)；对 $Fe_2O_3 \cdot nH_2O$ 等蓬松的胶状沉淀，则需选用较大而疏松的滤纸(直径 11～12.5 cm，快速)。

(2)滤纸的折叠和安放：用洁净的手将滤纸按图 3-27 所示的方法，先对折，再对折成圆锥体(每次折时均不能手压中心，使中心有清晰折痕，否则中心可能会有小孔而发生穿漏，折时应用手指由近中心处向外两方压折)，放入漏斗中，使滤纸与漏斗密合；如果滤纸与漏斗不十分密合，则稍稍改变滤纸的折叠角度，直到与漏斗密合为止。此时把三层厚滤纸的外层折角撕下一点，这样可以使该处内层滤纸更好地贴在漏斗上。撕下来的纸角保存在干燥的表面皿上，供以后擦拭烧杯用。注意漏斗边缘要比滤纸上边高出约 0.5～1 cm。

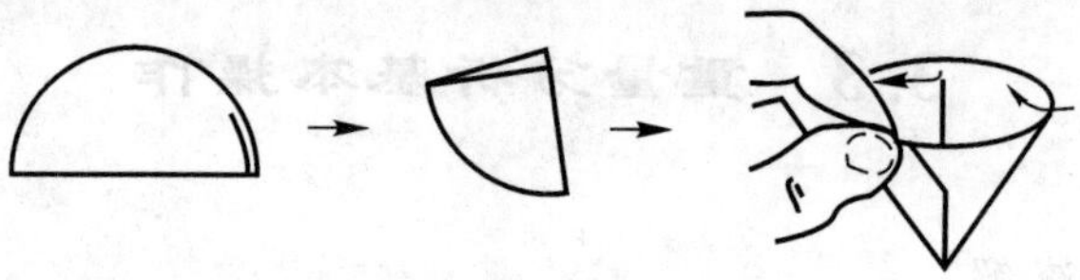

图 3-27 滤纸的折叠法

滤纸放入漏斗后，用手按住滤纸三层的一边，由洗瓶吹出细水流以润湿滤纸，然后轻压滤纸边缘使滤纸锥体上部与漏斗之间没有空隙。按好后，在其中加水达到滤纸边缘，这时漏斗颈内应全部被水充满，形成水柱。若颈内不能形成水柱(主要是因为颈径太大)，可以用手指堵住漏斗下口，稍稍掀起滤纸三层的一边，用洗瓶向滤纸和漏斗之间的空隙里加水，直到漏斗颈及锥体的大部分被水充满，但必须把颈内的气泡完全排除。然后把纸边按紧，再放开堵住漏斗下口的手指，此时水柱即可形成。如果水柱仍不能保留，则滤纸与漏斗之间不密合。如果水柱虽然形成，但是其中有气泡，则纸边可能有微小空隙，可以再将纸边按紧。水柱准备好后，用纯水洗 1～2 次。

将准备好的漏斗放在漏斗架上，漏斗位置的高低，以漏斗颈末端不接触滤液为度。漏斗必须放置端正，否则滤纸一边较高，在洗涤沉淀时，这部分较高的地方就不能经常被洗涤液浸没从而滞留下一部分杂质。

(3)过滤：过滤时，放在漏斗下面用以承接滤液的烧杯应该是洁净的(即使滤液不要)，因为万一滤纸破裂或沉淀漏进滤液里，滤液还可重新过滤。过滤时溶液最多加到滤纸边缘下 5～6 mm的地方，如果液面过高，沉淀会因毛细作用而越过滤纸边缘。

过滤时漏斗出口长的一边应贴着烧杯内壁，使滤液沿杯壁流下，不致溅出，过滤过程中应经常注意勿使滤液淹没或触及漏斗末端。

过滤一般采用倾注法（或称倾泻法），即待沉淀下沉到烧杯底部后，把上层清液先倒至漏斗上，尽可能不搅起沉淀。然后，将洗涤液加在带有沉淀的烧杯中，搅起沉淀以进行洗涤，待沉淀下沉，再倒出上层清液。这样，一方面可避免沉淀堵塞滤纸，从而加速过滤，另一方面可使沉淀洗涤得更充分，具体操作见图 3－28(a)：待沉淀下沉，一手拿搅拌棒，垂直地持于滤纸的三层部分上方（防止过滤时液流冲破滤纸），搅拌棒下端尽可能接近滤纸，但勿接触滤纸，另一手将盛着沉淀的烧杯拿起，使杯嘴贴着搅拌棒，慢慢将烧杯倾斜，尽量不搅起沉淀，将上层清液慢慢沿搅拌棒倒入漏斗中。停止倾注溶液时，将烧杯沿搅拌棒往上提，并逐渐扶正烧杯，保持搅拌棒位置不动。倾注完成后，将搅拌棒放回烧杯。用洗瓶将 20～30 mL 洗涤液沿杯壁吹至沉淀上，搅动沉淀，充分洗涤。盛有沉淀和溶液的烧杯按图 3－28(b)所示方法放置，使沉淀集中沉降在烧杯一侧，以便再次倾出上清液时沉淀不会“滑坡”，使溶液混浊。同时，玻璃棒不要靠在烧杯嘴上以免烧杯嘴上的沉淀沾在玻璃棒上部。待沉淀下沉后，再倾出上层清液。如此反复洗涤、过滤多次。洗涤的次数，视沉淀的性质而定，一般晶形沉淀洗 2～3 次，胶状沉淀需洗5～6 次。

为了把沉淀转移到滤纸上，先于盛有沉淀的烧杯中加入少量洗涤液（加入洗涤液的量，应该是滤纸上一次能容纳的）并搅动，然后立即按上述方法将悬浮液转移到滤纸上（此时大部分沉淀可从烧杯中移出。这一步最易引起沉淀的损失，必须严格遵守操作中有关规定）。再自洗瓶中挤出洗涤液，把烧杯壁和搅拌棒上的沉淀冲下，再次搅起沉淀，按上述方法把沉淀转移到滤纸上。这样重复几次，一般可以将沉淀全部转移到漏斗中滤纸上。如果仍有少量沉淀很难转移，则可按图 3－29 所示的方法，把烧杯倾斜着拿在漏斗上方，烧杯嘴向着漏斗，用食指将搅拌棒架在烧杯口上，搅拌棒下端向着滤纸的三层部分，用洗瓶挤出的溶液，冲洗烧杯内壁。以刷出沉淀，转移到滤纸上。如还有少量沉淀黏着在烧杯壁上，则可用淀帚将其刷下，或用前面撕下的一小块洁净无灰滤纸将其擦下，放在漏斗内，搅拌棒上黏着的沉淀，亦应用前面撕下的滤纸角将它擦净，与沉淀合并。然后仔细检查烧杯内壁、搅拌棒、表面皿是否彻底洗净，若有沉淀痕迹，要再行擦拭、转移，直到沉淀完全转移为止。

2.沉淀的洗涤

沉淀全部转移到滤纸上后，需在滤纸上洗涤沉淀，以除去沉淀表面吸附的杂质和残留的母液。洗涤的方法是自洗瓶中先挤出洗涤液，使其充满洗瓶的导出管，然后挤出洗涤液浇在滤纸的三层部分离边缘稍下的地方，再盘旋地自上而下洗涤，并借此将沉淀集中到滤纸圆锥体的下部（见图 3－30），切勿使洗涤液突然冲在沉淀上。

为了提高洗涤效率，每次使用少量洗涤液，洗后尽量沥干，然后再在漏斗上加洗涤液进行下一次洗涤，如此洗涤几次。

沉淀洗涤至最后，用干净试管接取约 1 mL 滤液（注意不要使漏斗下端触及下面的滤液），选择灵敏而又迅速显示结果的定性反应来检验洗涤是否完成。

沉淀的过滤与洗涤操作，必须不间断地一次完成。若间隔较久，沉淀就会干涸，这样就几乎无法洗净。

盛沉淀或滤液的烧杯，都应该用表面皿盖好。过滤时倾注完溶液后，亦应将漏斗盖好，以防尘埃落入。

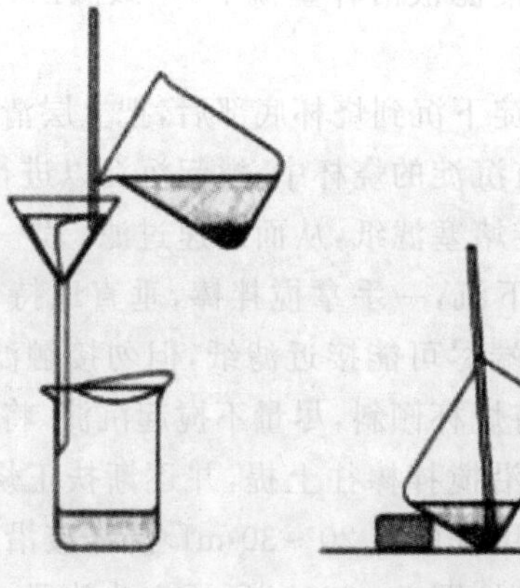

(a)　　(b)

图 3-28　倾泻法过滤

图 3-29　吹洗沉淀的方法

将沉淀转移至玻璃坩埚内的方法同上，只是必须同时进行抽滤(见图 3-31)。

图 3-30　沉淀的洗涤

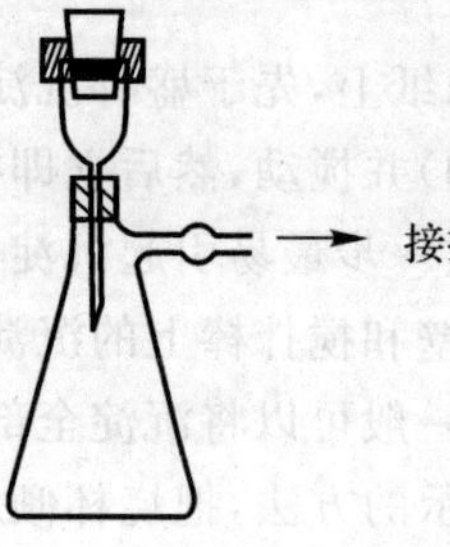

图 3-31　抽滤装置

3.3.4　沉淀的干燥和灼烧

1. 干燥器及其使用

不论坩埚还是称量瓶，基准物质还是试样，在烘干后准备称量之前，一定要放置待其冷却至室温。由于空气中总含有一定量的水分，因此冷却时不能暴露在空气中，而应放在干燥器中。

干燥器是一种具有磨口盖子的厚质玻璃器皿，它的磨口边缘涂有一层薄的凡士林，使之能与盖子密合。干燥器的底部盛有干燥剂，其上搁置洁净的带孔瓷板，坩埚等器皿应置于瓷板孔内，比圆孔大(或小)的器皿则置于瓷板上。干燥剂一般用变色硅胶、无水氯化钙等。由于各种干燥剂吸收水分的能力都是有一定限度的，因此干燥器中的空气并不是绝对干燥，只是湿度较低而已。为了提高干燥效率，可使用真空干燥器。真空干燥器是在普通干燥器器盖加上抽真空活塞，盖严之后可在真空泵上将干燥器内抽真空，这样可以大大减少干燥器内水分的含量。当坩埚等很热的容器置于干燥器后，应连续推开干燥器 1～2 次。

打开干燥器时，左手按住干燥器的下部，右手按住盖子上的圆顶，向左前方推开器盖，如图 3-32 所示。盖子取下后用右手拿着或倒放在桌上安全的地方(注意磨口向上)，用左手放入(或取出)坩埚等，并及时盖上干燥器盖。加盖时，手拿住盖上圆把，推着盖好。搬动干燥器时，应该用两手的拇指同时按住盖，防止滑落打破，如图 3－33 所示。

图 3－32　打开干燥器的方法

图 3－33　搬动干燥器的操作

2. 坩埚的准备

瓷坩埚在使用前须用稀 HCl 等溶剂洗净，晾干或烘干。可用 $FeSO_4$ 或 $K_4[Fe(CN)_6]$溶液在坩埚和盖上编号。晾干后置于马福炉中灼烧(约 800℃)，第一次约 30 min，取出稍冷后置于干燥器中冷至室温，称重，然后进行第二次灼烧，约 15～20 min。再冷却再称重。如此反复直至恒重(一般要求前后两次称重相差 0.2 mg 以内)。

3. 沉淀的干燥和滤纸的炭化和灰化

沉淀的包裹如图 3－34 和图 3－35 所示。用洁净的药铲或扁头玻璃棒将滤纸的三层部分挑起，用手捏住滤纸的翘起部分，慢慢将其取出，注意手指不要碰到沉淀。包裹沉淀时，不应将滤纸完全打开，若是晶形沉淀，可按图 3－34 所示的任一种方法将沉淀包好，应包得稍紧些，但不能用手挤压沉淀。最后用不接触沉淀的那部分滤纸将漏斗内壁轻轻擦拭，把滤纸包的三层部分朝上放入已恒重的坩埚中。若包裹胶状沉淀，因其体积一般较大，用上述方法不易包好，可用扁头玻璃棒将滤纸挑起，向中间折叠，再用玻璃棒轻轻转动滤纸包，以擦净可能粘在漏斗内壁的沉淀。然后将滤纸包转移至恒重的坩埚中，倒过来尖端朝上倾斜放置，仍使三层部分向上。

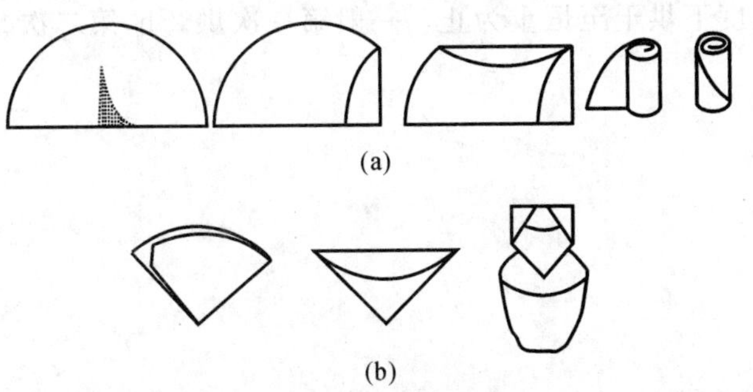
图 3－34　包裹晶形沉淀的两种方法

图 3－35　胶状沉淀的包裹方法

将坩埚置于石棉网上在电炉上(或倾斜置于煤气灯架上)加热，可用调压变压器控制电炉温度，先在较低温度使沉淀和滤纸烘干，再逐渐提高温度，使滤纸炭化。最后提高电炉温度至最高，直接在电炉上加热使滤纸灰化，如图 3－36 所示。坩埚盖不能盖严，温度不能太高，以免着火，如滤纸着火，应即加盖使其熄灭，再将盖移至原位。烘干的标志是不产生蒸气，炭化的标志是滤纸变黑,灰化的标志是滤纸重新变白。

使用天然气灯干燥沉淀时,将放有沉淀的坩埚斜放在泥三角上,其埚底枕在泥三角的一个边上,坩埚盖斜倚在坩埚口的中上部(见图 3-37)。为使滤纸和沉淀迅速干燥,应该用反射焰,即用小火加热坩埚盖中部,则热空气流便进入坩埚内部,而水蒸气从坩埚上面逸出。待滤纸和沉淀干燥后,将煤气灯逐渐移至坩埚底部,稍稍加大火焰,使滤纸炭化,全部炭化后,再加大火焰,使滤纸灰化。

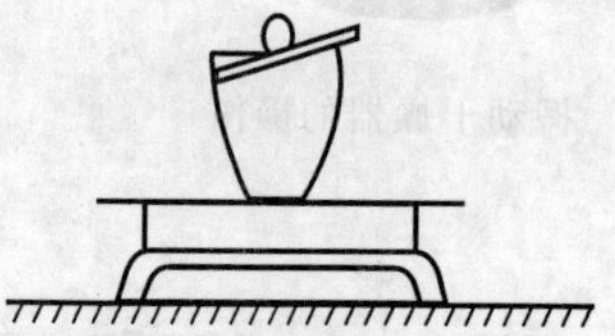

图 3-36　沉淀的干燥(电炉上)

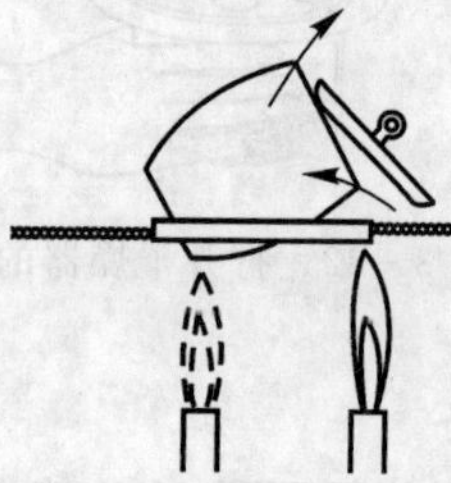

图 3-37　沉淀和滤纸在坩埚中烘干(右)、炭化和灰化(左)的天然气灯火焰位置

4.沉淀的灼烧

滤纸灰化后,将沉淀连同载坩埚一起转入马福炉,调节至适当温度,加盖但留有缝隙。与灼烧空坩埚时同一温度灼烧 30~45 min,取出稍冷后,置于干燥器中,冷至室温,称量,然后再灼烧再称量,直至相邻两次灼烧后的称量值差别不大于 0.3 mg,即为恒重,一般第二次及以后的灼烧约 15~20 min。沉淀的灼烧亦可在煤气灯上进行:将坩埚直立,用强火灼烧一定时间即可。

加热坩埚,任何时候都要避免温度梯度太大的操作,置于干燥器后还应启开器盖 1~2 次,排出燃气,如果真空干燥则可省去此操作。在干燥器中冷却时原则是冷至室温。一般约需 30 min。为减少可能存在的误差,坩埚和沉淀每次灼烧、放置和称重的时间应基本一致。

在烘干时即可得到一定组成的沉淀,热稳定性差的沉淀则可直接在微孔玻璃坩埚中放在表面皿上,置于烘箱中,在一定温度下烘干至恒重为止。一般第一次烘 2 h,第二次45 min~1 h。

第四章 基础分析化学实验

实验一 半自动电光分析天平称量练习

一、实验目的

(1)了解半自动电光分析天平的基本构造和使用方法。

(2)学习半自动电光分析天平称量物体的方法。

二、实验原理

半自动电光分析天平的基本构造和使用方法见本书 3.1.1。分析天平称量方法有直接称量法、固定质量称量法及递减称量法(亦称差减称量法)等。除这三种常用的方法外,还有复称法、替代法等。本实验以直接称量法和差减称量法为例说明称量过程。

三、主要试剂和仪器

1. 试剂

石英砂(或 $CuSO_4 \cdot 5H_2O$)粉末试样。

2. 仪器

称量瓶:1 个。

烧杯:50 mL,2 个。

小药匙:1 个。

半自动电光分析天平:分度值 0.1 mg。

台秤。

四、实验内容

1. 称量前的检查(见本书 3.1.1)

2. 调节零点

接通电源,当天平空载时慢慢打开升降枢纽并开至尽头,观察投影屏上的刻线是否与微分标尺的零点重合。如不重合,可拨动升降枢纽下面的拉杆,移动投影屏位置使其重合。若相差较大,则需要报告指导教师调节平衡螺丝。然后再按上法调好零点后,方可进行称量。

3. 称量

(1)准备 2 个洁净、干燥并编号的小烧杯,先在台秤上粗称其质量(准确到 0.1 g),记在记录本上。

(2)打开天平左边侧门,把粗称过的小烧杯放在天平盘中央,关闭左门。打开右边侧门,在天平右盘加相当于该烧杯质量的砝码。稍开升降枢纽，若指针偏左说明砝码重了，立即关闭升降枢纽，减环码；稍开升降枢纽，若天平指针还偏右，说明环码轻了，加环码；若天平指针偏右，说明环码还轻，再加环码，如此反复，直至天平指针在读数标尺读数范围内移动时。将升降枢纽开至尽头，直到与指针刻线重合不再移动为止。天平读数即是该烧杯质量。记在记录本上。两个小烧杯质量分别记为 m_0 和 m'_0。

(3)取一个装有试样的称量瓶，粗称其质量，按步骤(2)在分析天平上精确称量，记下质量为 m_1，然后自天平中取出称量瓶，将试样慢慢倾入上面已称出质量的第一只小烧杯中。倾样时，由于初次称量缺乏经验，很难一次倾准，因此要试称，即第一次倾出少一些，粗称此质量，根据此质量估计不足的量(为倾出量的几倍)。继续倾出试样，然后再准确称量，设为 m_2，则 m_1-m_2 即为倾出试样的质量。例如要求称量 0.2～0.3 g 试样，若第一次倾出的重量为0.10 g (不必称准至小数点后第四位，为什么？)，则第二次应倾出相当于或加倍于第一次倾出的量，其总量即在需要的范围内。第一份试样称好后，再倾第二份试样于第二只烧杯中，称出称量瓶加剩余试样的质量，设为 m_3，则 m_2-m_3 即为第二份试样的质量。

(4)分别称出两个“小烧杯＋试样”的质量，记为 m_4 和 m_5。

(5)结果的检验：①检查 m_1-m_2 是否等于第 1 只小烧杯中增加的质量；m_2-m_3 是否等于第 2 个小烧杯中增加的质量；如不相等，求出差值，要求称量的绝对差值小于 0.4 mg。②再检查倒入小烧杯中的两份试样的质量是否合乎要求(即在 0.2～0.3 g 之间)。③如不符合要求，分析原因并继续再称。

4. 天平复原(见本书 3.1.1)

五、实验数据记录

将实验中测得的数据记录在表 4－1 中，并计算处理。

表 4－1　递减称量

称量项目 \ 质量 m/g \ 编号	1	2
称量瓶＋试样质量(倾出试样前)	$m_1=$	$m_2=$
称量瓶＋试样质量(倾出试样后)	$m_2=$	$m_3=$
倾出试样质量	$m_{S1}=$	$m_{S2}=$
空烧杯质量	$m_0=$	$m'_0=$
烧杯＋称出试样质量	$m_4=$	$m_5=$
烧杯中试样质量	$m'_{S1}=$	$m'_{S2}=$
称量的绝对差值(偏差)	$\|m_{S1}-m'_{S1}\|=$	$\|m_{S2}-m'_{S2}\|=$

思考题

1. 为什么要保护三个玛瑙刀口？怎样保护？
2. 使用电光分析天平应注意哪几点？

3. 称量完毕后，为什么必须检查天平零点？

4. 阻尼天平的零点和平衡点如何测量？为什么在称量开始时，先要测定天平的零点？天平的零点宜在什么位置？如果偏离太大，应该怎样调节？

5. 为什么天平梁没有托住以前，绝对不许把任何东西放入盘中或从盘上取下？

6. 递减法称量过程中能否用药匙取样？为什么？

实验二　电子分析天平称量练习

一、实验目的

(1)了解分析天平的基本构造和称量原理。

(2)掌握电子分析天平的使用方法和几种常用的称量方法。

二、实验原理

电子天平的基本构造和称量原理见本书 3.1.3 有关部分。分析天平有多种称量方法，本实验只做固定质量称量和递减称量的练习。

三、主要剂试和仪器

1. 试剂

石英砂(或 $CuSO_4 \cdot 5H_2O$)粉末试样。

2. 仪器

称量瓶：1 个。

表面皿：1 个。

50 mL 烧杯：2 个。

药匙：1 个。

电子分析天平：分度值0.1 mg。

台秤。

四、实验内容

1. 天平的检查

检查天平是否保持水平，如不在水平状态，调至水平。检查天平秤盘是否洁净，若不清洁，可用软毛刷刷净。

2. 开机

接通电源预热，1 h 后，轻按【ON】键，待其显示屏显示出现“0.000 0 g”后即可称量。若显示其他数字，可按【TAR】键自动去皮清零，使其显示“0.000 0 g”。

3. 固定质量称量

用固定质量称量法准确称取 0.500 0 g 石英砂或 $CuSO_4 \cdot 5H_2O$ 试样 3 份。

(1)打开天平侧门，将洁净、干燥的表面皿放在秤盘中央(注意：不可用手直接接触表面皿)，关好天平门，则天平上显示表面皿的准确质量，然后按【TAR】键自动去皮清零，使其显示

"0.000 0 g"。

(2)打开天平侧门，用小药匙将试样加到表面皿中央，开始加少量，然后慢慢地敲入表面皿中，直到天平显示0.500 0 g。然后关好天平门，看读数是否仍为0.500 0 g；若所称量小于该值，可继续加试样；若显示的量超过该值，可用小药匙小心取出一点试样后，再重新慢慢敲入，直到所称质量为0.050 0 g为止。（考虑到试样粒度不够细，练习称量时最后一位可放宽要求，称至0.500 0±0.000 2 g即可。）

(3)称完一份后，以表面皿加试样为起点，继续进行第2次及第3次称量。每次称好后均应及时记录称量数据。

4.递减称量法

用递减称量法准确称取0.30～0.32 g试样2份。

(1)准备2个洁净、干燥的50 mL烧杯，分别标为1号和2号，在分析天平上准确称重至0.1 mg，其质量分别记为m_0和m'_0。

(2)取一个洁净、干燥的称量瓶，先在台秤上粗称其大致质量，然后加入约1 g试样。盖上瓶盖，在分析天平上准确称量盛有试样的称量瓶，其质量记为m_1。

取出称量瓶，用瓶盖轻敲瓶口上沿，将0.3～0.4 g试样转移至1号烧杯中，估计倾出的试样已够量时，再边敲瓶口，边扶正瓶身，盖好瓶盖后方可将称量瓶移开烧杯上方，再准确称出称量瓶和剩余试样的总质量，记为m_2。m_1-m_2的差值应在0.3～0.4 g之间。若转移出的量不够，则继续敲出，直至读数值在此范围内。以同样的方法转移0.3～0.4 g试样于2号烧杯中，准确称出称量瓶和剩余试样的总质量，记为m_3。

(3)在天平上准确称量2个烧杯中加入试样后的质量，分别记为m_4和m_5。

(4)比较烧杯中试样的质量与从称量瓶中转移出的试样质量，看其绝对差值是否合乎要求（一般应小于0.4 mg）。

若大于此值，实验不合要求。其原因可能是基本操作不仔细，或是试样撒在外面，或是天平有故障等。分析原因后，注意改正，继续反复练习，直到合乎实验要求。

每次递减称量时，可根据称量瓶中试样的量或前一次所称试样的体积来判断敲出多少试样较合适，这样有助于提高称量速度。

5.天平称量后的检查

称量结束后，取出被称物，关好天平侧门，按【OFF】键，拔下电源插头，整理好天平及实验台面，盖好天平防尘罩，在仪器使用记录本上签名登记。

[说明] 电子分析天平递减称量法训练时，也可采用去皮重称量：将盛有试样的称量瓶（带盖）放在分析天平上，按【TAR】键去皮、清零，天平显示0.000 0 g。倾出部分试样后，再称量，则天平读数（此时为负值）即为倾出试样的质量。去皮重称量可直接读出倾出试样质量m_{s1}和m_{s2}，简单快速。

五、实验数据记录

将实验中测得的数据记录在表4-2和表4-3中，并计算处理。

表 4-2　固定质量称量

编号 质量	1	2	3
m/g			

表 4-3　递减称量

编号 质量 m/g 称量项目	1	2
称量瓶+试样质量(倾出试样前)*	$m_1=$	$m_2=$
称量瓶+试样质量(倾出试样后)*	$m_2=$	$m_3=$
倾出试样质量	$m_{s1}=$	$m_{s2}=$
空烧杯质量	$m_0=$	$m'_0=$
烧杯+称出试样质量	$m_4=$	$m_5=$
烧杯中的试样质量	$m'_{s1}=$	$m'_{s2}=$
称量的绝对差值	$\lvert m_{s1}-m'_{s1}\rvert=$	$\lvert m_{s2}-m'_{s2}\rvert=$

*注:采用去皮重称量时,不需记录这两项。

思　考　题

1. 试样的称量方法有哪些？固定质量称量法和递减称量法各有何优缺点？在什么情况下选用？

2. 实验中要求称量试样的称量偏差小于 0.4 mg,为什么？

3. 使用称量瓶时,如何操作才能保证样品不致损失？

实验三　容量仪器的准备和洗涤

一、实验目的

(1)准备容量分析实验所用仪器,了解它们的用途和使用方法。

(2)学习不同玻璃仪器的洗涤方法以及使用铬酸洗液的注意事项。

二、实验内容

1. 领取仪器

每个柜中备有一套容量分析所用的玻璃仪器,每人按组号找柜,并照仪器单上的仪器名称、规格、数量等逐个清点验收，如发现仪器缺少或破损，应立即提出换好补齐，以备实验使用。

公用仪器摆在桌上，有滴定管(酸式和碱式)，移液管及吸液球(洗耳球)等。

2.玻璃仪器的洗涤

见本书分析化学实验基础知识部分2.6。

3.滴定管的准备和使用

见本书3.2.1。

4.移液管的使用

见本书3.2.2。

实验结束，将滴定管装满蒸馏水(满至管口附近，管尖也充满水)，盖上小塑盖，垂直夹在滴定管架上。公用仪器放回原处，清理环境，擦净桌面，经指导教师检查允许后，方可离开实验室。

［说明］ 用铬酸洗液洗涤容量瓶、移液管和滴定管，用合成洗涤剂或去污粉洗涤其他玻璃器皿，所有洗涤用水都应遵循少量多次的原则，既省水省时，又能提高洗涤效果。

思考题

1.玻璃器皿洗净的标志是什么？

2.哪些玻璃器皿，在什么情况下须用铬酸洗液洗涤？使用铬酸洗液应注意什么？

实验四　容量仪器的校准

一、实验目的

(1)了解容量仪器校准的意义和方法。

(2)学习移液管的使用方法。

(3)初步掌握移液管的校准和容量瓶与移液管间相对校准的操作。

二、实验原理

容量瓶、滴定管等分析实验室常用的玻璃量器，都具有刻度和标称容量(量器上所标示的量值)，其容量都可能有一定的误差，即实验容量与其标称容量之差。量器产品都允许有一定的容量误差，规定的允差见相关手册，合格的产品其容量误差往往小于允差，但也常有质量不合格的产品流入市场，如果不预先进行校准，就可能给实验结果带来误差。在进行分析化学实验之前，应该对所用仪器的计量性能心中有数，保证其测量的精度能满足实验结果准确度的要求。进行高精确度的定量分析工作时，应使用经过校准的仪器，尤其是对所用仪器的质量有怀疑时，或需要使用A级产品而只能买到B级产品时，或不知道现有仪器的精度级别时，都有必要对仪器进行容量校准。因此，容量仪器的校准是一项不可忽视的工作。

校准的方法是：称量被校量器中量入或量出的纯水的质量，再根据该温下纯水的密度计算出被校量器的实际容量。这里应当使用纯水在空气中的密度值。由于空气对物体的浮力作用和空气成分在水中的溶解等因素，纯水在真空中和在空气中的密度值稍有差别。

校准是技术性强的工作，操作要正确，实验室要具备以下条件。

(1)具有足够承载范围和称量空间的天平,其称量误差应小于被校量器允差的1/10。

(2)有新制备的实验室用蒸馏水或去离子水。

(3)有分度值为0.1℃的温度计。

(4)室温最好在(20±5)℃,且温度变化不超过1℃·h^{-1}。校准前,量器和纯水应在该室温上达到平衡。

(5)光线要均匀、明亮,近处台架或墙壁最好是单一的浅色调。

值得一提的是:校准不当和使用不当一样,都是产生容量误差的主要原因,其误差有时可能超过允差或量器本身固有的误差。所以,校准时必须仔细、正确地进行操作,使校准误差减至最小。凡要使用校准值的,其校准次数不可少于2次。两次校准数据的偏差应不超过该量器容量允差的1/4,并以其平均值为较准结果。

如果对校准的精确度要求很高,而且温度超出(20±5)℃、大气压力及湿度变化较大,则应根据实测的空气压力、温度求出空气密度,利用下式计算实际容量:

$$V_{20}=(I_L-I_E)\left(\frac{1}{\rho_W-\rho_A}\right)\left(1-\frac{\rho_A}{\rho_B}\right)[1-\gamma(t-20)]$$

式中　I_L—— 盛水容器的天平读数,g;

I_E—— 空容器的天平读鳌,g;

ρ_w—— 温度 t 时纯水的密度,g·mL^{-1};

ρ_A—— 空气密度,g·mL^{-1};

ρ_B—— 砝码密度,g·mL^{-1};

γ—— 量器材料的体热膨胀系数,$℃^{-1}$;

t—— 校准时所用纯水的温度,℃。

注:上式引自国际标准ISO 4787—1984《实验室玻璃器-玻璃量器容量的校准和使用方法》,ρ_A,ρ_w,γ可以从有关的手册中查到,ρ_B可用砝码的统一名义密度值8.0 g·mL^{-1},电子天平中的标准砝码的密度值可查阅其说明书。

三、主要试剂和仪器

1.试剂

乙醇(无水或95%):供干燥仪器用。

2.仪器

具塞锥形瓶:50 mL,洗净晾干。

温度计:最小分度值0.1℃。

分析天平:200 g或100 g/0.001 g。

四、实验内容

1.移液管(单标线吸量管)的校准

取一个50 mL洗净晾干的具塞锥形瓶。在分析天平上称量至mg位。用铬酸洗液洗净25 mL移液管,吸取纯水(盛在烧杯中)至标线以上数mm,用滤纸片擦干管下端的外壁,将管尖接触烧杯壁,移液管垂直、烧杯倾斜约30°。调节液面使其最低点与标线上边缘相切,然后将移液管移至锥形瓶内,使管尖接触磨口以下的内壁(勿接触磨口!),使水沿壁流下,待液面静止后，再等 15 s。在放水及等待过程中，移液管要始终保持垂直。管尖一直接触瓶壁，但不可接触瓶内的水，锥形瓶保持倾斜. 放完水随即盖上瓶塞，称量至 mg 位。两次称得质量之差即为释出纯水的质量 m_w。重复操作一次，两次释出纯水的质量之差应小于 0.01 g。

将温度计插入水中 5～10 min，测量水温，读数时不可将温度计下端提出水面（为什么?）由相关手册查出该温度下纯水的密度 ρ_w，并利用下式计算移液管的实际容量：

$$V=m_w/\rho_w$$

2. 移液管与容量瓶的相对校准

在分析化学实验中，常利用容量瓶配制溶液，并用移液管取出其中一部分进行测定，此时重要的不是知道容量瓶与移液管的准确容量，而是二者的容量是否为准确的整数倍关系。例如用 25 mL 移液管从 100 mL 容量瓶中取出一份溶液是否确为 1/4，这就需要进行这两件量器的相对校准。此法简单，在实际工作中使用较多，但必须在这两件仪器配套使用时才有意义。

将 100 mL 容量瓶洗净、晾干（可用几毫升乙醇润洗内壁后倒挂在漏斗板上），用 25 mL 移液管准确吸取纯水 4 次至容量瓶中（移液管的操作与上述校准时相同）。若液面最低点不与标线上边缘相切，其间距超过 1 mm，应重新做一标记。

3. 容量瓶的校准

用铬酸洗液洗净一个 100 mL 容量瓶，晾干，在分析天平上称准至 0.01 g。取下容量瓶，注水至标线以上几毫米，等待 2 min。用滴管吸出多余的水，使液面最低点与标线上边缘相切（此时调定液面的做法与使用时有所不同），再放到分析天平上称准至 0.01 g。然后插入温度计测量水温。两次所称得质量之差即为该瓶所容纳纯水的质量，最后计算该瓶的实际容量。

4. 滴定管的校准

用铬酸洗液洗净 1 支 50 mL 具塞滴定管。用洁布擦干外壁，倒挂于滴定台上 5 min 以上，打开旋塞，用洗耳球使水从管尖（即流液口）充入，仔细观察液面上升过程中是否变形（即弯液面边缘是否起皱），如变形，应重新洗涤。

洗净的滴定管注入纯水至液面距最高标线以上约 5 mm 处，垂直挂在滴定台上，等待 30 s 后调节液面至 0.00 mL。

取一个洗净晾干的 50 mL 具塞锥形瓶，在分析天平上称准至 0.001 g，打开滴定管旋塞向锥形瓶中放水，当液面降至被校分度线以上约 0.5 mL 时，等待 15 s。然后在 10 s 内将液面调节至被校分度线，随即使锥形瓶内壁接触管尖，以除去挂在管尖下的液滴，立即盖上瓶塞进行称量。测量水温后即可计算被校分度线的实际容量，并求出校正值。

按表 4-4 所列容量间隔进行分段校准，每次部从滴定管 0.00 mL 标线开始，每支滴定管重复校准一次。

以滴定管被校分度线体积为横坐标，相应的校正值为纵坐标，绘出校准曲线。

[说明]

(1) 受实验室条件和实验课学时所限，本实验只做实验内容 1 和 2，有兴趣的同学可选做实验内容 3，而实验内容 4 将作为课外实验安排。

(2) 量器的操作是否正确是校准成败的关键。如果操作不正确或没有把握，其校准结果不宜在以后的实验中使用。

表 4-4 滴定管校准记录格式

校准分段/mL	称量记录/g				纯水的质量 g			实际体积/mL	校正值/mL $\Delta V=V-V_{20}$
	瓶+水	瓶	瓶+水	瓶	1	2	平均		
0～10.00									
0～15.00									
0～20.00									
0～25.00									
0～30.00									
0～35.00									
0～40.00									
0～45.00									
0～50.00									

思 考 题

1.容量仪器为什么要校准?

2.称量纯水所用的具塞锥形瓶,为什么要避免将磨口部分和瓶塞沾湿?

3.本实验称量时,为何只要求称准到 mg 位?

4.分段校准滴定管时,为何每次都要 0.00 mL 开始?

实验五 酸碱溶液的配制及体积比较

一、实验目的

(1)学习酸碱溶液的配制方法。

(2)练习滴定分析基本操作,学会滴定管的读数方法。

(3)观察甲基橙指示剂终点颜色变化,学习滴定终点的正确判断。

二、实验原理

浓盐酸易挥发,固体 NaOH 容易吸收空气中的水和 CO_2,因此不能直接配制准确浓度的 HCl 和 NaOH 标准溶液,只能先配制近似浓度的溶液,然后用基准物质标定其准确浓度。也可用另一已知准确浓度的标准溶液滴定该溶液,再根据它们的体积比求得该溶液的浓度。

酸碱指示剂都具有一定的变色范围。0.1 mol/L NaOH 和 HCl 溶液的滴定(强碱与强酸的滴定),其突跃范围为 pH 值 4.3～9.7(碱滴定酸)或 pH 值 9.7～4.3(酸滴定碱),应当选用在此范围内变色的指示剂,例如甲基橙、甲基红或酚酞等。对于 NaOH 溶液和 HAc 溶液的滴定,是强碱和弱酸的滴定,其突跃范围处于碱性区域,应选用在此区域内变色的指示剂。

甲基橙(methyl orange,MO)的变色区间是 pH 值 3.1(红)～4.4(黄),pH 值 4.0 附近为橙色。以 MO 为指示剂,用 NaOH 溶液滴定酸性溶液时,终点颜色变化是由橙变黄;而用 HCl

溶液滴定碱性溶液时，则应以由黄变橙时为终点。判断橙色，对初学者有一定的难度，所以在作滴定练习之前，应先练习判断和验证终点。具体做法是，在锥形瓶中加入约 30mL 水和一滴 MO 指示剂，从碱式滴定管中放出 2～3 滴 NaOH 溶液，观察其黄色，然后用酸式滴定管滴加 HCl 溶液至由黄变橙，如果已滴到红色，再滴加 NaOH 溶液至黄色。如此反复滴加 HCl 和 NaOH 溶液，直至能做到加半滴 NaOH 溶液由橙变黄（验证：再加半滴 NaOH 溶液颜色不变，或加半滴 HCl 溶液则变橙），而加半滴 HCl 溶液由黄变橙（验证：再加半滴 HCl 溶液变红，或加半滴 NaOH 溶液变黄）为止，达到能通过加入半滴溶液而确定终点。熟悉了判断终点的方法后，再按实验内容进行滴定练习。

滴定终点的判断正确与否是影响滴定分析准确度的重要因素，必须学会判断终点以及检验终点的方法。因此，在以后的各次实验中，每遇到一种未曾用过的指示剂，均应先练习正确地判断终点颜色变化后再开始实验。

一定浓度的 HCl 溶液和 NaOH 溶液相互滴定时，在指示剂不变的情况下，改变被滴定溶液的体积，所消耗的体积之比 $V(\mathrm{HCl})/V(\mathrm{NaOH})$ 应基本不变。借此，既可以检验滴定操作是否规范，也可以检验终点判断是否正确。

三、主要试剂和仪器

1. 试剂

浓盐酸：1.19 g/mL，分析纯。

NaOH 固体：分析纯。

甲基橙指示剂：0.1％水溶液。

2. 仪器

酸式滴定管：1 支。

碱式滴定管：1 支。

洗瓶：1 个。

试剂瓶：500 mL 玻璃瓶、塑料瓶各 1 个。

锥形瓶：250 mL，3 个。

烧杯：100 mL，500 mL 各 1 个。

量筒：100 mL，10 mL 各 1 个。

搅拌棒：1 根。

四、实验内容

（一）配制溶液

1. 0.1 mol/L 盐酸溶液的配制

用 10 mL 筒量取一定量的浓盐酸（用量自己计算），倒入具玻塞的 500 mL 试剂瓶中，加水稀释至 500 mL，盖上玻塞，摇匀，准备标定。注意浓盐酸易挥发，应在通风橱中操作。

瓶上贴一标签，注明试剂名称，配制日期，并留一空位，以便将来记录溶液的准确浓度。

2. 0.1mol/L 氢氧化钠溶液的配制

在台秤上用小烧杯迅速称取所需氢氧化钠固体（需用先算好），加水约 50 mL，搅动使氢氧化钠全部溶解，稍冷后倒入塑料瓶中，用水稀释至 500 mL，摇匀，盖好瓶盖，贴上标签。

固体氢氧化钠极易吸收空气中的CO_2和水分，称量必须迅速。市售固体氢氧化钠常因吸收CO_2而混有少量Na_2CO_3，以致在分析结果中引入误差，因此在要求严格的情况下，配制NaOH溶液时必须设法除去CO_3^{2-}离子，常用方法有以下两种。

(1)在台秤上称取一定量固体NaOH于烧杯中，用少量水溶解后倒入试剂瓶中，再用水稀释到一定体积(配成所要求浓度的标准溶液)，加入1～2 mL 20%$BaCl_2$溶液，摇匀后用橡皮塞塞紧，静置过夜，待沉淀完全沉降后，用虹吸管把清液转入另一试剂瓶中，塞紧，备用。

(2)饱和的NaOH溶液(50%)具有不溶解Na_2CO_3的性质，所以用固体NaOH配制的饱和溶液，其中的Na_2CO_2可以全部沉降下来。在涂蜡的玻璃器皿或塑料容器中先配制饱和的NaOH溶液，待溶液澄清后，吸取上层溶液，用新煮沸并冷却的水稀释至一定浓度。

试剂瓶应贴上标签，注明试剂名称，配制日期，用者姓名，并留一空位以备填入此溶液的准确浓度。在配制溶液后均须立即贴上标签，注意应养成此习惯。

长期使用的NaOH标准溶液，最好装入下口瓶中，瓶塞上部最好装一碱石灰管。(思考：为什么?)

(二)酸碱溶液相互滴定

1. 准备

(1)用盐酸溶液润洗滴定管，以免盐酸溶液被稀释。为此，注入5～10 mL盐酸溶液于酸式滴定管中，然后两手平端滴定管，慢慢转动，使溶液流遍全管。再把滴定管竖起，打开滴定管旋塞，使溶液从下端流出。如此洗2～3次，即可装入盐酸溶液。注意应将盐酸溶液直接从试剂瓶倒进滴定管。用同样方法，把配好的氢氧化钠溶液润洗碱式滴定管三次，然后装满。

(2)排去滴定管下端的空气：对酸式滴定管，可转动其活塞，使液体急速流出以排除空气泡；对碱式滴定管，先使它倾斜，并使管嘴向上，然后捏挤玻璃珠附近的橡皮管，使溶液喷出，而气泡随之排出。

(3)分别装满盐酸、氢氧化钠溶液，调整液面至零线稍下，准确读出两支滴定管的初读数(V_1)，并立即记录在记录本上。滴定管下端如有悬挂的液滴，也应除去。

2. 滴定

取一锥形瓶，从碱式滴定管中以3～4滴/s的速度放入碱液约20 mL(注意：液体流出不要太快)。用洗瓶吹水冲洗瓶壁，加甲基橙指示剂一滴，用酸式滴定管慢慢滴加酸液，同时不断摇动锥形瓶，使溶液混合均匀，继续滴加，直至溶液因加入一滴或半滴酸立即由黄变橙色为止。

若溶液不是橙色，而是呈红色的话，说明酸液加入过多，可加入少量碱，使溶液再现黄色，如此反复进行，至加入一小滴酸，立即使溶液的颜色明显地由黄突变为橙色，即是滴定终点。

滴定完毕，记录酸和碱滴定管的末读数(V_2)，(思考：需读至小数点后第几位?)两次读数之差，即为用去的酸液和碱液的体积毫升数V。

再装满二支滴定管，取另一锥形瓶，同上步骤重新滴定，如此反复进行，至熟练滴定操作为止，重复做三次。

3. 数据分析

根据滴定结果，计算每次滴定所用的酸碱溶液的体积比V_{HCl}/V_{NaOH}，并求其平均值和相对偏差，要求各相对偏差不超过0.2%。

五、实验数据记录

将实验中测得的数据记录在表4-5中，并计算处理。

表 4-5 HCl 溶液滴定 NaOH 溶液(指示剂:甲基橙)

滴定编号		1	2	3
HCl 溶液	V_1/mL			
	V_2/mL			
	V_{HCl}/mL			
NaOH 溶液	V_1/mL			
	V_2/mL			
	V_{NaOH}/mL			
V_{HCl}/V_{NaOH}				
V_{HCl}/V_{NaOH}平均值				
相对偏差/(%)				

思 考 题

1. 滴定管在装入标准溶液前为什么要用此溶液润洗内壁 2～3 次？用于滴定的锥形瓶或烧杯是否需要干燥？要不要用标准溶液润洗？为什么？

2. 为什么不能用直接配制法配制 NaOH 标准溶液？

3. 配制 HCl 溶液及 NaOH 溶液所用的水的体积，是否需要准确量度？为什么？

4. 装 NaOH 溶液的瓶或滴定管，不宜用玻塞，为什么？

5. 用 HCl 溶液滴定 NaOH 标准溶液时是否可用酚酞作指示剂？

6. 在每次滴定完成后，为什么要将标准溶液加至滴定管零点或近零点，然后进行第二次滴定？

7. 在 HCl 溶液与 NaOH 溶液浓度比较的滴定中，以甲基橙和酚酞作指示剂，所得的溶液体积比是否一致？为什么？

实验六　盐酸标准溶液的标定

一、实验目的

(1)学习盐酸溶液浓度的标定方法。

(2)学习用减量法称样。

(3)练习移液管、容量瓶的配合使用。

二、实验原理

酸碱标准溶液一般不直接配制，而是先配成近似浓度，然后用基准物质标定。标定酸的基准物质常用无水碳酸钠和硼砂。

(1)用无水 Na_2CO_3 标定 HCl 的反应分两步进行：

$$Na_2CO_3 + HCl \longrightarrow NaHCO_3 + NaCl \quad (sp_1 \quad pH=8.35)$$

$$NaHCO_3+HCl = NaCl+CO_2\uparrow \quad (sp_2 \quad pH=3.9)$$

反应完全时，pH 值的突跃范围是 5～3.5，可选用甲基红或甲基橙作指示剂。

(2)用 $Na_2B_4O_7\cdot10H_2O$ 标定 HCl 的反应如下：

$$Na_2B_4O_7\cdot10H_2O+2HCl = 4H_3BO_3+2NaCl+5H_2O$$

化学计量点时，由于产物是 H_3BO_3，溶液 pH 约为 5，故可选用甲基红作指示剂。

无水碳酸钠应预先于 270～300℃下充分干燥 2～3 h，装在带塞的玻璃瓶中，并存放于干燥器内备用。

三、主要试剂和仪器

1. 试剂

Na_2CO_3：分析纯。

HCl 溶液：0.1 mol/L。

甲基橙指示剂：0.1%水溶液。

2. 仪器

电子分析天平：分度值 0.1 mg。

锥形瓶：250 mL，3 个。

量筒：100 mL，1 个。

酸式滴定管：1 支。

移液管：20 mL，1 支。

烧杯：50 mL，250 mL 各 1 个。

洗瓶：1 个。

容量瓶：100 mL，1 个。

四、实验内容

本实验标定盐酸溶液所用基准物质是无水碳酸钠，预习时，算出配制 100 mL 0.05 mol/L Na_2CO_3 溶液，需无水 Na_2CO_3 固体的质量多少克？

1. 称样

无水碳酸钠固体的准确质量是用减量法称出的，称量操作方法如下：

用纸条于干燥器中夹取一清洁、干燥的称量瓶，放在台秤左盘，称出约重后，再于右盘增加一定质量的砝码(如称 0.5 g Na_2CO_3，则加 0.5 g 砝码)，打开称量瓶盖(盖仍放在台秤盘上，为什么?)，将碳酸钠轻轻敲入称量瓶中，至台秤指针平衡为止，盖好瓶盖，记下约重(准到0.1 g)。将台秤砝码放回盒中原来位置。

将装有 Na_2CO_3 的称量瓶(用纸条夹取，避免手指与称量瓶直接接触)放在分析天平上称出准确质量(准至第 4 位小数)，然后小心地把碳酸钠的一部分转移至小烧杯中。转移时，左手拿称量瓶(用纸条)，右手拿称量瓶盖(用小纸片)，将称量瓶斜拿(瓶口略低于瓶底)于小烧杯上，用瓶盖轻轻敲击称量瓶口，使试样落入杯中，然后，小心竖起称量瓶，继续轻轻敲击，使瓶口试样下落，盖好盖子，注意：只有这时才能将称量瓶离开小烧杯。试称称量瓶的质量，估计所取试样若不够，可重复上述操作，再次敲击，直至所取量在要求的一定质量范围之内为止(如称无水碳酸钠 0.5～0.55 g)。总之，用减量法称样要慎重、耐心、多次重复操作，才能得到满意结果。

最后，准确记录称量瓶及余下 Na_2CO_3 的质量，两次质量之差，即为倒入小烧杯中的无水碳酸钠的质量。

2. 溶解

加水约 30 mL 于小烧杯中，用玻璃棒搅动，促使 Na_2CO_3 固体溶解。然后小心地把 Na_2CO_3 溶液沿玻璃棒全部转入 100 mL 容量瓶中(注意:溶液不能有任何溅出，为什么?)。再用少量水吹洗烧杯和玻璃棒 3～4 次。洗烧杯时，务必使四壁洗到，所有的溶液均转入容量瓶内，继续用小烧杯加水，直到水面略低于容量瓶颈的刻度(千万不可超过刻度！否则要重称)，再用洗瓶滴水，使瓶内溶液的弯月面的最低点恰好与容量瓶的标线相切为止。

盖上瓶塞，上下翻转摇动几次，使溶液混合均匀。

3. 分取溶液

用移液管吸取 Na_2CO_3 溶液少量润洗三次(用移液管移取溶液前，需用待吸液润洗三次，以保证与待吸溶液处于同一浓度状态。方法是:将待吸液吸至球部的四分之一处，注意勿使溶液流回，以免稀释溶液，润洗过的溶液应从尖口放出，弃去)。然后吸出溶液 20.00 mL，放入锥形瓶中(同时取 3 份)。加水 20 mL，甲基橙指示剂 1～2 滴，准备标定。

4. 标定

取出配好的盐酸溶液，每次用前都要摇匀，防止水分凝结瓶壁而改变溶液浓度。然后，将待标定的盐酸溶液装入滴定管中(思考:滴定管如何准备?)，记录液面的初读数(a_1)。

从滴定管中将盐酸溶液慢慢滴入第一个锥形瓶中，并不断摇动，近终点时(若瓶壁溅有液滴，可用洗瓶顺锥形瓶壁冲洗一周)，要慢滴多摇，滴至溶液由黄色变橙为止，记下读数(a_2)，求出用去盐酸的体积。

再装满滴定管，用同样的方法滴定第二份和第三份溶液。

根据无水碳酸钠的质量(m_{NaCO_2})和所用盐酸溶液的体积(V_{HCl})计算盐酸溶液的准确浓度(要求四位有效数字)。

[说明]

(1) 滴定开始时，滴定速度可稍快，呈现滴成线状，滴速约 10 mL/min，即 3～4 滴/s 左右，而不要滴成“水线状”。临近终点，改为逐滴加入，即加 1 滴摇几下，再加，再摇。最后是加半滴，摇几下，再加，再摇，直至溶液颜色突变，呈现稳定的终点颜色。稍有疏忽，就可能滴过终点。

(2) 滴定中，眼睛要一直注视着溶液的颜色变化。特别是当滴落点周围溶液颜色转变时，即表示临近终点。

(3) 无水 Na_2CO_3 易吸水，称量时要尽量减少无水 Na_2CO_3 与空气的接触时间。

思考题

1. 盐酸为什么不能直接配成准确浓度的溶液？本实验标定盐酸用什么基准物质？为何要用甲基橙作指示剂？

2. 什么叫减量法称样？如何操作？

3. 称取基准物质要准至第四位小数，而滴定体积却只要求准至第二位小数，这样计算盐酸的准确浓度时应保留几位有效数字？

4.溶解基准物质 Na_2CO_3 所用水的体积的量度是否需要准确？为什么？

5.用于标定的锥形瓶，其内壁是否要预先干燥？为什么？

6.用 Na_2CO_3 为基准物质标定 HCl 溶液时，为什么不用酚酞作指示剂？

实验七　混合碱的测定

一、实验目的

(1)学习用酸碱滴定法测定碱样的总碱度。

(2)了解双指示剂法对碱成分的确定。

二、实验原理

混合碱为不纯的碳酸钠，它的主要成分为碳酸钠，此外，还含有氢氧化钠或碳酸氢钠，以及氯化钠、硫酸钠等杂质，当用酸滴定时，除碳酸钠被滴定外，其中杂质如氢氧化钠或碳酸氢钠也可与酸反应。因此，总碱度常以氧化钠(Na_2O)的质量分数来表示。

如果需要测定混合碱中氢氧化钠或碳酸氢钠的含量，则采用“双指示剂法”。所谓双指示剂法，即先用酚酞作指示剂，用标准盐酸溶液滴到终点，反应为：

$$NaOH + HCl = NaCl + H_2O$$

$$Na_2CO_3 + HCl = NaHCO_3 + NaCl$$

设用去标准盐酸溶液体积为 V_1。再用甲基橙作指示剂，继续用盐酸滴至终点，此时反应为：

$$NaHCO_3 + HCl = H_2CO_3 + NaCl$$

设用去标准盐酸溶液体积为 V_2。则从两次盐酸标准溶液用量的大小即可判断碱的成分。

例如：若 $V_1 > V_2$，则说明碱系碳酸钠与氢氧化钠的混合物。其中，碳酸钠消耗标准盐酸溶液的体积为 $2V_2$，氢氧化钠则为 $V_1 - V_2$；反之，若 $V_1 < V_2$，则说明碱样系碳酸钠与碳酸氢钠的混合物，它们消耗标准盐酸溶液的体积分别为 $2V_1$ 和 $V_2 - V_1$。

若盐酸的准确浓度已知，即可分别算出各成分的质量分数。

双指示剂中的酚酞指示剂可用甲酚红和百里酚蓝混合指示剂代替。甲酚红的变色范围为 6.7(黄)～8.4(红)，百里酚蓝的变色范围为 8.0(黄)～9.6(蓝)，混合后的变色点是 8.3，酸色呈黄色，碱色呈紫色，在 pH 值 8.2 时为玫瑰色，变色较明显。

三、主要试剂和仪器

1.试剂

HCl 标准溶液：0.1 $mol \cdot L^{-1}$(经实验六标定)。

混合碱试样固体。

甲基橙指示剂：0.1%水溶液。

酚酞指示剂：1%的 60%乙醇溶液。

2. 仪器

锥形瓶:250 mL,3个。

烧杯:50 mL,250 mL的各1个。

容量瓶:100 mL,1个。

量筒:50 mL,1个。

移液管:20 mL,1支。

表面皿:1块。

洗耳球:1个。

洗瓶:500 mL,1个。

酸式滴定管:25 mL,1支。

电子天平(或台秤):分度值0.01 g,若干台,公用。

电子分析天平:分度值0.1 mg,若干台,公用。

四、实验内容

1. 称样、溶解

准确称取混合碱试样0.5~0.6 g(准确至小数点后第四位,思考:为什么?)于小烧杯中,加水约20 mL,用玻璃棒搅动促使溶解,将溶液转入100 mL容量瓶中(思考:应注意什么?)。再用少量水洗烧杯和玻璃棒3~4次,所洗溶液均转入容量瓶内,继续加水,最后小心加至刻度。

盖上瓶塞,上下翻转摇动几次,使溶液混合均匀。

2. 分取溶液

用混合碱溶液润洗移液管三次,然后吸取碱溶液20.00 mL,注入一锥形瓶中(同时吸取3份),加水20 mL、酚酞指示剂4滴(溶液立即显红色,思考:为什么?),摇匀。

3. 滴定

滴定管装好盐酸标准溶液(如何准备?)。

取混合碱试样一份,从滴定管逐滴加入酸标准溶液,滴定至溶液呈很淡的粉红色。记下用去酸标准溶液的体积为V_1。紧接着加甲基橙指示剂一滴,继续用酸标准溶液小心滴定至溶液由黄突变橙色为终点,记下用去酸标准溶液的体积为V_2。

加满滴定管中的酸液,用同样步骤,重复滴定第二份和第三份试样溶液。

根据V_1和V_2的大小,判断试样的成分。

由盐酸标准溶液的浓度、滴定所消耗盐酸标液的体积($V=V_1+V_2$)和称出碱样的质量m,计算混合碱试样的总碱度(用Na_2O质量分数表示)。测定的相对偏差应小于±0.5%。

[说明] 用HCl溶液滴定混合碱时,以酚酞为指示剂,终点不易观察。为得到准确的结果,可用一参比溶液来对照。本实验可用相同浓度的$NaHCO_3$溶液加入2滴酚酞指示剂作参比。

思考题

1. 用双指示剂法测定混合碱,所消耗盐酸标准溶液的体积前后若有如下关系,试判断碱的成分如何?

①$V_1=V_2$;②$V_1\neq0,V_2=0$;③$V_1=0,V_2\neq0$。

2. 用移液管吸取碱溶液要准，放入锥形瓶后所加水是否也要准，为什么？

3. 0.04 g NaOH 和 0.06 g Na_2CO_3 混合物，用 0.1 mol/L HCl 滴定时，V_1 和 V_2 各为多少？

4. 如欲用混合指示剂滴定 NaOH 和 Na_2CO_3 各自含量，试拟出实验步骤。

实验八　NaOH 标准溶液的标定

一、实验目的

(1)学习碱溶液浓度的标定方法。

(2)练习用减量法分次称样。

二、实验原理

用间接法配制的氢氧化钠溶液，以邻苯二甲酸氢钾(于 105～120℃干燥 2～3 h)或结晶草酸($H_2C_2O_4 \cdot 2H_2O$，室温、空气干燥)等基准物质来确定它的准确浓度。

邻苯二甲酸氢钾($KHC_8H_4O_4$)是一个二元弱酸的酸式盐，与氢氧化钠反应：

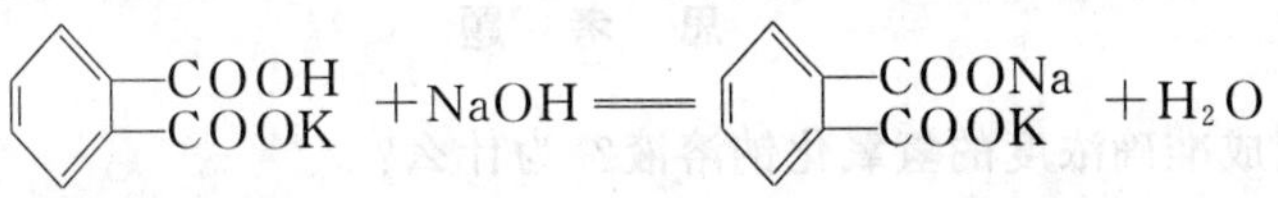

由于达化学计量点时反应产物邻苯二甲酸钾钠是强碱弱酸盐，水解使溶液呈弱碱性(pH～8.9)，故用酚酞作指示剂。

邻苯二甲酸氢钾用作为基准物的优点：①易于获得纯品；②易于干燥，不吸湿；③摩尔质量大，可相对降低称量误差。

三、主要试剂和仪器

1. 试剂

NaOH 溶液：0.1 mol/L。

邻苯二甲酸氢钾：分析纯。

酚酞指示剂：1%的 60%乙醇溶液。

2. 仪器

台秤：分度值 0.01 g。

电子分析天平：分度值 0.1mg。

称量瓶：1 个。

洗瓶：500 mL，1 个。

锥形瓶：250 mL，3 个。

烧杯：50 mL，250 mL 的各 1 个。

量筒：50 mL，250 mL 的各 1 个。

表面皿：1 个。

碱式滴定管：25 mL，1 支。

塑料瓶：500 mL，1 个。

四、实验内容

1. 基准物质的称量

计算为标定 0.1 mol/L 氢氧化钠溶液 20～24 mL，需用邻苯二甲酸氢钾若干克？

用减量法准确称取邻苯二甲酸氢钾每份所需质量，分别装入三个锥形瓶中（瓶要编号），每瓶各加水 30 mL，放置溶解，加酚酞指示剂 4 滴，吹洗瓶壁至总体积约 40 mL。

2. 标定

将待标定的碱溶液装入滴定管中，记录液面的初读数。

从滴定管将碱溶液慢慢滴入第一个锥形瓶中，以刚出现粉红色在摇动下半分钟不褪色为终点，记录末读数。

再装满滴定管，如上操作，继续滴第二份和第三份。

3. 计算

根据邻苯二甲酸氢钾的质量（m）和所用的碱溶液的体积（V_{NaOH}），计算碱溶液的准确浓度（mol/L）（4 位有效数字）。

要求测定结果的相对偏差≤±0.2%，否则重新标定。

思考题

1. 能否直接配成准确浓度的氢氧化钠溶液？为什么？
2. 计算氢氧化钠滴定邻苯二甲酸氢钾溶液时，滴定前与化学计量点的 pH 值各为多少？
3. 用邻苯二甲酸氢钾标定 NaOH 溶液时，为什么用酚酞而不用甲基橙作指示剂？
4. 标定 NaOH 溶液，可用 $KHC_8H_4O_4$ 为基准物，也可用 HCl 标准溶液作比较。试比较此两种方法的优缺点。

实验九　食醋中总酸量的测定

一、实验目的

(1) 了解强碱滴定弱酸过程中的 pH 变化，化学计量点以及指示剂的选择，掌握食醋总酸量的测定方法。

(2) 掌握液体样品的量取方法并能正确使用移液管和容量瓶。

(3) 进一步掌握滴定管的使用方法和滴定操作技术。

二、实验原理

醋酸为一较强的弱酸（$K_a > 10^{-7}$），其解离平衡常数 $K_a = 1.8 \times 10^{-5}$（25℃），用 NaOH 标准溶液滴定醋酸，反应生成碱性较弱的盐和水，滴定突跃范围在碱性区域内，反应式为

$$NaOH + HAc = NaAc + H_2O$$

化学计量点的 pH 为 8.7。以 0.1 mol/L NaOH 溶液滴定 0.1mol/L HAc 溶液的 pH 突跃范围为 7.7～9.7。通常选用变色范围 pH 为 8.0～9.8 的酚酞为指示剂，终点由无色到呈微红色。

食醋中含 3%～5% 的醋酸，此外还含有少量其他有机酸，如乳酸等。滴定时，NaOH 不仅与 HAc 作用，而且也与食醋中可能存在的其他各种形式的酸反应，所以滴定所得为总酸量，以 HAc 的含量 ρ_{HAc}($g\cdot L^{-1}$)表示。根据等物质的量反应规则，可得

$$c_{NaOH}\cdot V_{NaOH}\times\frac{1}{1\ 000}=\frac{m_{HAc}}{60}$$

$$\rho_{HAc}=\frac{m_{HAc}\times\frac{250}{25}}{V_{试样}}\times 1\ 000$$

式中　c_{NaOH}——NaOH 标准溶液的浓度，mol/L；

V_{NaOH}——滴定 25 mL 食醋稀释溶液所消耗 NaOH 标准溶液的体积，mL；

m_{HAc}——25 mL 食醋稀释溶液中含 HAc 的质量，g；

60——醋酸的摩尔质量，g/mol；

250——$V_{试样}$ 毫升食醋稀释成的总体积，mL；

$V_{试样}$——食醋的取样量，mL。

三、主要试剂和仪器

1. 试剂

NaOH 标准溶液：0.1 mol/L(实验八标定)。

食醋试样：市售。

酚酞指示剂：1% 的 60% 乙醇溶液。

2. 仪器

容量瓶：250 mL，1 个。

移液管：25 mL，1 支。

锥形瓶：250 mL，3 个。

烧杯：250 mL，1 个。

碱式滴定管：25 mL，1 支。

洗耳球：1 个。

四、实验内容

(1)将洗净的移液管用少量待测的食醋润洗 2～2 次，然后吸取 25.00 mL 食醋移入 250 mL 容量瓶中，加蒸馏水稀释至标线，充分摇匀。

(2)将洗净的移液管用稀释后的食醋溶液润洗 2～3 次，然后吸取 25.00 mL 食醋稀释溶液三份，分别置锥形瓶中，各加酚酞指示剂 2 滴。

(3)用 0.1 mol/L NaOH 标准溶液滴定至溶液呈微红色，且在半分钟内不消失为止。

(4)计算食醋中酸酸的含量。

五、实验数据记录

将实验中测得的数据记录在表 4-6 中，并计算处理。

表 4-6 食醋中总酸量的测定

项目		1	2	3
吸取食醋稀释液/mL		25.00	25.00	25.00
NaOH 溶液	V_{NaOH}(初读数)/mL			
	V_{NaOH}(终读数)/mL			
	V_{NaOH}/mL			
$\rho_{HAc}/(g \cdot L^{-1})$				
$\bar{\rho}_{HAc}/(g \cdot L^{-1})$				
相对偏差				

[说明]

(1)滴定至终点的溶液呈碱性(pH 值约为 9.7),放置时容易吸收空气中 CO_2(或 SO_2)等,溶液碱度逐渐减弱,致使酚酞红色褪去。因此滴定应以充分摇匀后溶液微红色在半分钟内不褪的要求来判断终点。

(2)食醋含醋酸的浓度较大,且呈较深褐色。稀释 10 倍的食醋稀释溶液,其色较浅,基本上消除了滴定时对观察指示剂颜色变化的干扰。食醋稀释后的 HAc 浓度约为 0.1 mol/L,适于采用本法准确滴定。

思考题

1. 食醋中总酸量测定的原理和方法是什么?
2. 食醋为什么要稀释 10 倍?
3. 本测定宜采用何种指示剂?为什么?
4. 怎样计算食醋中醋酸的含量?

实验十 酸碱指示剂 pH 变色域的测定

一、实验目的

(1)通过对指示剂变色域的测定以及对指示剂在整个变色区域内颜色变化的观察,使学生在酸碱滴定法中对终点颜色的确定有一个准确的认识。

(2)了解常用缓冲溶液的配制方法。

二、实验原理

酸碱指示剂 pH 变色域是指其色泽因溶液 pH 改变所引起的有明显变化的范围。指示剂颜色在 pH 变色域内是逐渐变化的,呈混合色。pH 变色域具有两个端点变色点,一个变色点呈酸式色,另一个变色点呈碱式色,此两个端点均为颜色不变点。在酸碱滴定中,我们目视的终点则通常是 pH 变色域的中间点,或一个端点。

本实验是根据酸碱指示剂在不同 pH 缓冲溶液中的颜色变化的特性,确定不同酸碱指示剂 pH 变色域。

三、主要试剂和仪器

1. 试剂

邻苯二甲酸氢钾溶液：0.2 mol·L^{-1}。准确称取 20.423 g 在(105±2)℃干燥至恒重的邻苯二甲酸氢钾，溶于水中，然后转移至 500 mL 容量瓶中定容。

KH_2PO_4 溶液：0.2 mol·L^{-1}。准确称取 13.609 g 在(105±2)℃干燥至恒重的 KH_2PO_4，溶于水中，然后转移至 500 mL 容量瓶中定容。

H_3BO_3 溶液：0.4 mol·L^{-1}。准确称取 12.276 g 在(80±2)℃干燥至恒重的 H_3BO_3，溶于水中，然后转移至 500 mL 容量瓶中定容。

KCl 溶液：0.4 mol·L^{-1}。准确称取 14.910 g 在 500～600℃灼烧至恒重的 KCl，溶于水中，然后转移至 500 mL 容量瓶中定容。

NaOH 溶液：0.1 mol·L^{-1}。取饱和 NaOH 溶液(约 19 mol·L^{-1})5.5 mL，加水稀释至 1 000 mL，然后用邻苯二甲酸氢钾溶液标定其准确浓度，最后调节成 0.100 0 mol·L^{-1} NaOH 溶液。

HCl 溶液：0.1 mol·L^{-1}。取浓 HCl(约 12 mol·L^{-1})4.5 mL，加水稀释至 500 mL，用 NaOH 溶液标定，然后调节成 0.100 0 mol·L^{-1}的 HCl 溶液。

甲基橙溶液：0.1%。称取 0.10 g 甲基橙，加水溶解，稀释至 100 mL。

甲基红溶液：0.04%。称取 0.10 g 甲基红，加入 3.72 mL 0.100 0 mol·L^{-1}NaOH 标准溶液，加少量水溶解，稀释至 250 mL。

酚酞溶液：0.1%。称取 0.10 g 酚酞，溶于 60 mL 95%的乙醇溶液中，用水稀释至 100 mL。

百里酚蓝溶液：0.1%。称取 0.10 g 百里酚蓝钠盐，加水溶解后稀释至 100 mL。

2. 仪器

分光光度计：1 台。

比色管：25 mL，12 支。

吸量管：5 mL，4 支。

吸量管：1 mL，4 支。

移液管架：1 个。

比色管架：1 个。

四、实验内容

1. 甲基橙 pH 变色域的测定(pH3.0(红)～4.4(黄))

按表 4-7 所示，在 9 支比色管中加入各种试剂，配成 pH2.8～4.6 的缓冲液，然后各加入 0.10 mL 0.1%的甲基橙溶液，用水稀释至刻度，摇匀，目视比色，确定两端变色点和中间变色点。

表 4-7　pH 值为 2.8～4.6 缓冲溶液的配制

pH 值	2.8	3.0	3.2	3.6	3.8	4.0	4.2	4.4	4.6
0.1 mol·L^{-1} HCl/mL	5.78	4.46	3.14	1.26	0.58	0.02			
0.1 mol·L^{-1} NaOH/mL							0.60	1.32	2.22
0.2 mol·L^{-1}邻苯二甲酸氢钾/mL	5.00	5.00	5.00	5.00	5.00	5.00	5.00	5.00	5.00

2. 甲基红 pH 变色域的测定(pH4.2(红)～6.2(黄))

按表 4-8 所示，在 11 支比色管中加入各种试剂，配成 pH4.0～6.4 的缓冲液，然后各加入 0.10 mL 0.04%的甲基红溶液，用水稀释至刻度，摇匀，目视比色，确定两端变色点和中间变色点。

表 4-8　pH 值为 4.0～6.4 缓冲溶液的配制

pH 值	4.0	4.2	4.4	4.8	5.0	5.2	5.4	5.6	6.0	6.2	6.4
0.1 mol·L^{-1} NaOH/mL		0.60	1.32	3.30	4.52	5.76	6.82	7.76	1.12	1.62	2.32
0.1 mol·L^{-1} HCl/mL	0.02										
0.2 mol·L^{-1} 邻苯二甲酸氢钾/mL	5.0	5.00	5.00	5.00	5.00	5.00	5.00	5.00			
0.2 mol·L^{-1} KH_2PO_4/mL									5.00	5.00	5.00

3. 酚酞 pH 变色域的测定(pH 值为 8.0(无色)～9.8(红))

(1)目视比色法。按表 4-9 所示，在 12 支比色管中加入不同量的各种试剂，配成 pH 值为 7.8～10.2 的缓冲溶液，然后分别加入 0.10 mL 0.1%的酚酞溶液用水稀释至刻度，摇匀，目视比色，确定两端变色点和中间变色点。

(2)分光光度法。按表 4-9 所示，在 12 支比色管中加入不同量的各种试剂，配成 pH 值为 7.8～10.2 的缓冲溶液，然后分别加入 0.50 mL 0.1%的酚酞溶液，用水稀释至刻度，摇匀。以水为参比，用 1 cm 吸收池，在 553 nm 波长下，用分光光度计测定各溶液的吸光度值，确定酚酞指示剂的变色域。

表 4-9　pH 值为 7.8～10.2 缓冲溶液的制备

pH 值	7.8	8.0	8.2	8.6	8.8	9.0	9.2	9.4	9.6	9.8	10.0	10.2
0.1 mol·L^{-1}NaOH/mL	8.90	0.78	1.20	2.36	3.16	4.16	5.28	6.42	7.38	8.12	8.74	9.24
0.2 mol·$L^{-1}$$KH_2PO_4$/mL	5.00											
0.4 mol·$L^{-1}$$H_3BO_3$/mL		2.50	2.50	2.50	2.50	2.50	2.50	2.50	2.50	2.50	2.50	2.50
0.4 mol·L^{-1}KCl/mL		2.50	2.50	2.50	2.50	2.50	2.50	2.50	2.50	2.50	2.50	2.50

测定结果分析：pH 值为 8.0 时，溶液应为无色，吸光度值应小于 0.020；pH 值为 10.2 时与 pH10.0 时溶液的吸光度值之差应小于 pH 值为 10.0 时与 pH 值为 9.8 时溶液的吸光度值之差。

4. 百里酚蓝 pH 变色域的测定(pH 值为 8.0(黄)～9.6(蓝))

按表 4-10 所示，在 11 支比色管中加入不同量的各种试剂，配成 pH 值为 7.8～9.8 的缓冲溶液，然后分别加入 0.10 mL 0.1%的百里酚蓝溶液，用水稀释至刻度，摇匀，目视比色，确定两端变色点和中间变色点。

表 4-10　pH 值为 7.8～9.8 缓冲溶液的制备

pH 值	7.8	8.0	8.2	8.4	8.6	8.8	9.0	9.2	9.4	9.6	9.8
0.1 mol·L^{-1} NaOH/mL	8.90	0.78	1.20	1.72	2.36	3.16	4.16	5.28	6.42	7.38	8.12
0.2 mol·L^{-1} KH_2PO_4/mL	5.00										
0.4 mol·L^{-1} H_3BO_3/mL		2.50	2.50	2.50	2.50	2.50	2.50	2.50	2.50	2.50	2.50
0.4 mol·L^{-1} KCl/mL		2.50	2.50	2.50	2.50	2.50	2.50	2.50	2.50	2.50	2.50

［说明］

(1)实验中所用水为不含 CO_2 的水。

(2)实验中所用试剂：0.1 mol·L^{-1} NaOH 和 0.1 mol·L^{-1} HCl 用滴定管准确加入，指示剂用 1 mL 吸量管准确加入，其他试剂用 5 mL 吸量管加入。

(3)检验指示剂每个变色点时，采用甲、乙、丙三种缓冲溶液为一组。乙缓冲溶液 pH 值等于该指示剂高或低变色点的 pH 值，甲缓冲溶液 pH 值比变色点的 pH 值低 0.2pH 单位，丙缓冲溶液的 pH 值比变色点的 pH 值高 0.2pH 单位。

(4)三种缓冲溶液(甲、乙、丙)的显色情况应符合下列规定。

1)测定变色域的低 pH 值变色点时、乙缓冲溶液所呈颜色与甲缓冲溶液所呈颜色应相近，且符合标准所规定的颜色，丙缓冲溶液所呈颜色与甲、乙缓冲溶液所呈颜色有差异，应趋向于该指示剂变色域的高 pH 值变色点的色泽。

2)测定变色域的高 pH 值变色点时，乙缓冲溶液所呈颜色与丙缓冲溶液所呈颜色应相近，且符合标准所规定的颜色，甲缓冲溶液所呈颜色与乙、丙缓冲溶液所呈颜色有差异，应趋向于该指示剂变色域的低 pH 值变色点的色泽。

(5)指示剂中间变色点的测定，应是目视能观察到的颜色变化点。

(6)双色指示剂(如甲基橙、甲基红)用量增大，颜色总体加深。变色点的 pH 不变；单色指示剂(如酚酞)用量增大，颜色总体加深，变色点的 pH 将发生移动。

思考题

1.实验中为什么用不含 CO_2 的水？

2.酚酞指示剂用量增加，对变色点的 pH 值有什么影响？为什么？

3.酸碱指示剂的变色机理是什么？

实验十一　络合滴定 EDTA 标准溶液的配制和标定

一、实验目的

(1)了解络合滴定的基本原理。

(2)学习 EDTA 标准溶液的配制和标定方法。

(3)了解常用金属离子指示剂及其变色原理。

二、实验原理

络合滴定广泛应用的络合剂是乙二胺四乙酸的二钠盐，简称 EDTA，通常含 2 个分子结晶水，分子式用 $Na_2H_2Y \cdot 2H_2O$ 表示，为白色结晶粉末，无臭、无味，在 22℃时，每 100 g 水中可溶解 11.1 g(约为 0.3 mol·L^{-1})。试剂中常含有 0.3%的水分，可在 80℃烘干。

由于 EDTA 与各种价态的金属离子络合，一般都形成络合比为 1∶1 的络合物，为计算简便，EDTA 标准溶液通常都用摩尔浓度表示。

EDTA 标准溶液可用基准级的固体直接配成，但一般都是用间接法先配成大约浓度，再用基准物质如碳酸钙、硫酸镁、氧化锌、金属锌、铜等标定，终点确定采用金属指示剂，如铬黑 T 或二甲酚橙等。

例如，用锌标定 EDTA 时，在 pH＝10(氨性缓冲溶液)，以铬黑 T(简称 EBT)作指示剂来说明颜色变化过程及终点判断。

(1)滴定前，在溶液中加入铬黑 T 指示剂，则指示剂阴离子(以 In 表示)与 Zn^{2+} 离子生成红色络合物，即

$$\underset{\text{蓝色}}{Zn + In} = \underset{\text{红色}}{ZnIn}\text{(略去电荷)}$$

(2)滴定开始至化学计量点前，逐滴加入的 EDTA 与 Zn^{2-} 离子络合，形成稳定的无色络合物，即

$$Zn + Y = \underset{\text{(无色)}}{ZnY}$$

(3)化学计量点时，继续滴下去的 EDTA 夺取红色 ZnIn 络合物中的 Zn^{2+} 离子，而使指示剂阴离子游离出来，溶液呈现指示剂的蓝色，即

$$\underset{\text{红色}}{ZnIn} + Y = \underset{\text{无色}}{ZnY} + \underset{\text{蓝色}}{In}$$

根据溶液颜色由红到蓝的急剧变化，可以确定滴定终点。

用锌标定 EDTA 还可在 pH 为 5.5(用六次甲基四胺作缓冲液)时，用二甲酚橙作指示剂，滴定进行到由红色变为亮黄色为终点。

标定选用什么条件、哪种指示剂，取决于待测离子所要求的 pH 范围。因下次实验(实验十二)是测钙、镁含量，故本实验在 pH＝10 的条件下，选用铬黑 T 指示剂进行标定。

EDTA 溶液如需久置保存，应装在聚乙烯塑料瓶中。若长时间贮存在玻璃瓶中，会不断溶解玻璃中的金属离子(如与 Ca^{2+}形成 CaY^{2-})使浓度降低。

三、主要试剂和仪器

1. 试剂

EDTA：分析纯。

氨性缓冲溶液：pH＝10。称取 67 g NH_4Cl 溶于 300 mL 水中，加入 570 mL 浓氨水，用水稀释至 1 L，混匀。

ZnO 基准物质：在 800℃灼烧至恒重，稍冷后置于干燥器中，冷却至室温备用。

HCl 溶液：6 mol·L^{-1}。

铬黑 T 指示剂：5 g·L^{-1}。称取 0.5 g 铬黑 T，溶于 25 mL 三乙醇胺与 75 mL 无水乙醇的混合溶液中。或者配成铬黑 T 指示剂干粉：称取 0.5 g 铬黑 T 与 50 gNaCl 充分研细混匀，盛放在棕色瓶中，密闭保存。使用时用药匙取约 0.1 g，直接加于溶液中。

2. 仪器

称量瓶：1 个。

碱式滴定管：25 mL，1 支。

移液管：20 mL，1 支。

锥形瓶：250 mL，3 个。

烧杯：100 mL，250 mL 的各 1 个。

试剂瓶：500 mL 塑料瓶，1 个。

表面皿：1 个。

量筒：10 mL，500 mL，250 mL 的各一个。

容量瓶：250 mL，1 个。

玻璃棒：1 根。

洗耳球：1 个。

洗瓶：500 mL，1 个。

电子台秤：分度值 0.01 g。

电子分析天平：分度值 0.1 mg。

四、实验内容

1. EDTA 溶液的配制

计算欲配制 500 mL 0.01 mol·L^{-1}的 EDTA 溶液，需要称量 $Na_2H_2Y \cdot 2H_2O$（相对分子质量为 372.27）固体多少克？称取所需量的 $Na_2H_2Y \cdot H_2O$ 固体于小烧杯中，加入 50 mL 水，稍加热溶解，冷却后转移到试剂瓶中，稀释至 500 mL，充分摇匀。

2. EDTA 溶液的标定

准确称取一定量的基准 ZnO（自己计算配制 250 mL 0.01 mol/L 的 Zn^{2+} 标准溶液所需 ZnO 的质量，准确至 0.1 mg）于 100 mL 烧杯中，用洗瓶滴加几滴水润湿，盖上表面皿，从烧杯尖嘴处滴加约 8～10 mL 6 mol·L^{-1} HCl 溶液，使其完全溶解后，用蒸馏水吹洗烧杯内壁和表面皿，将溶液定量转移入 250 mL 容量瓶中，用水稀释至刻度，摇匀。

吸取含锌溶液 20.00 mL 于锥形瓶中（同时取三份），各加水 20 mL，氨性缓冲溶液 5 mL，铬黑 T 指示剂溶液 3 滴或铬黑 T 指示剂干粉一小勺，此时溶液呈紫红色，用 EDTA 溶液慢慢滴定至溶液由紫红经紫色变为纯蓝色，即为终点。

记下 EDTA 溶液的用量。平行标定 3 次，计算 EDTA 溶液的准确浓度。

［说明］　滴定过程是络合物的离解和形成过程。反应速度较慢，特别在终点前，要慢滴多摇，各份滴定速度也应控制得差不多，否则影响精密度。

思考题

1. 根据络合滴定反应，怎样理解“慢滴多摇”的操作过程？

2. 实验十二是测定钙镁离子，而标定 EDTA 选用 pH≈10 的条件应怎样理解？

3. 络合滴定法与酸碱滴定法相比，有哪些不同点？操作中应注意哪些问题？

4. 以 ZnO 为基准物，以二甲酚橙为指示剂标定 EDTA 溶液时，应控制溶液酸度为多少？为什么？怎样控制？

实验十二　水的总硬度测定

一、实验目的

(1)了解水硬度的含义及其测定的实际意义。

(2)学会用络合滴定法测定水硬度。

(3)了解水硬度的表示方法。

二、实验原理

水的硬度可分为水的总硬度和钙、镁硬度两种。总硬度指的是水中 Ca^{2+} 和 Mg^{2+} 的总量，其中包括碳酸盐硬度和非碳酸盐硬度。钙、镁硬度则分别为水中 Ca^{2+} 和 Mg^{2+} 的含量，其中 Ca^{2+} 的含量称为钙硬度，Mg^{2+} 的含量称为镁硬度。

碳酸盐硬度指的是由钙、镁的碳酸氢盐，如 $Ca(HCO_3)_2$、$Mg(HCO_3)_2$ 所形成的硬度。碳酸氢盐经加热之后可分解成沉淀物从水中除去，故又称为暂时硬度。非碳酸盐硬度主要是钙、镁的硫酸盐、氯化物和硝酸盐等盐类所形成的硬度。这类硬度不能用加热分解的方法除去，故亦称为永久硬度。

水的硬度是衡量水质好坏的重要指标之一，对生活和工业用水影响极大。如硬水用于蒸汽锅炉，易生成沉淀结垢，不仅浪费燃料，又易引起爆炸。长期饮用高硬度的水，会影响肠胃的消化功能，引起心血管、泌尿系统的病变。用高硬度的水洗涤衣物时，浪费洗涤剂，且衣物不易洗净。我国《生活饮用水卫生标准》(GB 5749—85)中规定硬度(以 CaO 计)不得超过 450 $mg \cdot L^{-1}$。很多工业用水对水的硬度也有一定的要求。

测定水的总硬度，一般采用络合滴定法，即在 pH＝10 的氨性缓冲溶液中，以铬黑 T 作指示剂，用 EDTA 标准溶液直接滴定 Ca^{2+}、Mg^{2+} 的总量。水中的 Fe^{3+}、Al^{3+} 等干扰离子用三乙醇胺掩蔽，锰离子用盐酸羟胺掩蔽，Cu^{2+}、Pb^{2+}、Zn^{2+} 等重金属离子可用 KCN、Na_2S 掩蔽。

在测定 Ca^{2+} 时，先用 NaOH 溶液调节溶液的 pH 为 12～13，使 Mg^{2+} 转变成 $Mg(OH)_2$ 沉淀。再加入钙指示剂，用 EDTA 滴定至溶液由钙指示剂-Ca^{2+} 络合物的红色变成钙指示剂的蓝色，即为终点。根据用去的 EDTA 量计算 Ca^{2+} 的浓度，从相同水样的 Ca^{2+}、Mg^{2+} 总量中减去 Ca^{2+} 的量，即得 Mg^{2+} 的分量。

铬黑 T 与 Mg^{2+} 显色灵敏度比 Ca^{2+} 高，在滴定水中的 Ca^{2+}、Mg^{2+} 总量时，若水中 Mg^{2+} 的浓度很小，终点变色不敏锐，可在滴定前向水样中加入少量 Mg^{2+}-EDTA 溶液，利用置换滴定提高滴定终点颜色变化的灵敏度。Mg^{2+}-EDTA 的加入对测定结果无影响。

各国对水的硬度表示方法不同。我国常用两种方法：一种是将所测得的 Ca^{2+}、Mg^{2+} 折算成 CaO 的质量，即用每升水中含有 CaO 的毫克数表示，单位为 $mg \cdot L^{-1}$；另一种以度(°)计，1 硬度单位表示 10 万份水中含 1 份 CaO(即每升水中含 10 mg CaO)，1°＝10 ppm CaO，这种硬度的表示方法与德国相同，称作德国度。

三、主要试剂和仪器

1. 试剂

EDTA 溶液：0.01 mol·L^{-1}（经实验十一标定）。

氨性缓冲溶液：pH＝10（同实验十一）。

$NH_2OH \cdot HCl$：1％水溶液。

NaOH 溶液：10％水溶液。

三乙醇胺：1∶2 水溶液。1 体积三乙醇胺与 2 体积水混合而成。

铬黑 T 指示剂（同实验十一）。

钙指示剂：0.5 g 钙指示剂与 50 g NaCl 混合磨匀（或配成 0.3％的乙醇溶液）。

水样：自来水。

2. 仪器

移液管：50 mL，1 支。

量筒：10 mL，4 个。

锥形瓶：250 mL，3 个。

烧杯：250 mL，1 个。

碱式滴定管：25 mL，1 个。

四、实验内容

1. 总硬度的测定

用移液管吸取自来水 50.00 mL 于锥形瓶中（同时取 3 份），加盐酸羟胺 1～2 mL，三乙醇胺1～2 mL，摇匀，吹洗，放置 2～3 min，加氨性缓冲溶液 10 mL，铬黑 T 指示剂一小勺，立即用 0.01 mol·L^{-1} EDTA 标准溶液滴定，注意慢滴多摇，直至溶液由紫红色变蓝色为止，记下所用 EDTA 标准溶液的体积。用同样的方法做另外两份。

根据所取水样和 EDTA 的用量，计算水的总硬度（CaO：mg·L^{-1}）：

$$水的总硬度(mg\cdot L^{-1})=\frac{c_{EDTA}\cdot V_{EDTA}\cdot M_{CaO}}{V_{水样}}\times 1\,000$$

式中，c_{EDTA}单位为 mol·L^{-1}，V_{EDTA}、$V_{水样}$单位为 mL，M_{CaO}为 CaO 的相对分子质量。

2. 钙硬度的测定

用移液管吸取自来水 50.00 mL 于 250 mL 锥形瓶中，加 5 mL 10％ NaOH 溶液，摇匀，加入约一小勺钙指示剂，再摇匀，溶液呈紫红色，用 0.01 mol·L^{-1}EDTA 标准溶液滴定至呈纯蓝色，即为终点。

3. 镁硬度的测定

由总硬度减去钙硬度即得镁硬度。

［说明］　当水样中 $Ca(HCO_3)_2$ 含量较高时，加氨性缓冲溶液后可能缓慢析出 $CaCO_3$ 沉淀，使终点拖长，变色不敏锐。此时，可在滴定前先向水样中加 1～2 滴 HCl 溶液酸化，煮沸数分钟以除去 CO_2，冷却后，再滴定。

思　考　题

1. 什么叫水的硬度？水的硬度单位有几种表示方法？

2.用 EDTA 测定水的硬度时,应注意哪些方面?(注意:若水样中有 Mn^{2+}、Fe^{2+}、Al^{3+} 等杂质,可用盐酸羟胺溶液、三乙醇胺溶液消除影响)

3.络合滴定中为什么要加入缓冲溶液?

实验十三　白云石中钙、镁含量的测定

一、实验目的

(1)学习用络合滴定法测定钙、镁的含量。

(2)掌握络合滴定的操作条件和指示剂的应用。

二、实验原理

白云石的主要成分是碳酸钙,同时也含有一定量的碳酸镁及少量铝、铁、硅等杂质,通常用酸溶解后,不经分离直接用 EDTA 标准溶液进行滴定。

滴定待测离子 Ca^{2+}($\lg K_{CaY}=10.69$)和 Mg^{2+}($\lg K_{MgY}=8.79$)允许的最高酸度分别为 7.5 和 10.0。因此,测钙镁总量时,在 pH=10 用铬黑 T 作指示剂进行;然后,再用钙指示剂在 pH>12(钙指示剂的要求)的条件下,单独测钙的含量,此时 Mg^{2+} 离子生成 $Mg(OH)_2$ 沉淀,镁量不很大时,不影响分析结果。若 $Mg(OH)_2$ 沉淀量较大时,由于大量的 $Mg(OH)_2$ 沉淀可能吸附 Ca^{2+},使测定的结果偏低,为此,加入淀粉-甘油、阿拉伯树胶或糊精等保护剂,可基本消除吸附现象,其中以糊精效果较好。

为减少沉淀对指示剂的吸附,使终点颜色变化敏锐,应先调溶液的 pH,再加指示剂。

对于少量 Al^{3+}、Fe^{3+} 等杂质离子,可用三乙醇胺、酒石酸钾钠等掩蔽,消除干扰。Cu^{2+}、Zn^{2+} 可用 KCN、Na_2S、铜试剂掩蔽。

三、主要试剂和仪器

1.试剂

白云石样品。

EDTA 溶液:0.01 $mol\cdot L^{-1}$(标定方法同实验十一)。

氨性缓冲溶液:pH=10(同实验十一)。

HCl 溶液:6 $mol\cdot L^{-1}$。

NaOH 溶液:10%水溶液。

K-B 指示剂:称取 0.2 g 酸性铬蓝 K 和 0.4 g 萘酚绿,溶于 100 mL 水中。

糊精溶液:5%。将 5 g 糊精用少许水调成糊状后,加入 100 mL 沸水,搅拌,稍冷,加入 5 mL 10%的 NaOH 溶液,再加入 3~5 滴 K-B 指示剂,用 EDTA 标准溶液滴定至溶液呈蓝色。现配现用,久置后易变质。

2.仪器

电子分析天平。

其余试剂、仪器同实验十二。

四、实验内容

1. 试样的准备

称试样 0.4～0.5 g 于小烧杯中，加少量水的润湿，盖好表面皿，滴加 10 mL 6 mol · L^{-1} 的 HCl 溶液，小心加热至全部溶解，用洗瓶冲洗表面皿和烧杯内壁，将溶液转移入 250 mL 容量瓶，稀释至刻度，摇匀。

2. 钙、镁总量的测定

准确移取试液 20.00 mL 于 250 mL 锥形瓶中，加水 20 mL、三乙醇胺 5 mL，摇匀，再加入 5 mL氨性缓冲溶液，2～3 滴 K－B 指示剂（或铬黑 T 指示剂），用 EDTA 标准溶液滴至溶液由紫红色变为蓝绿色（或蓝色），即为终点。记下所消耗的 EDTA 体积，平行测定 3 次。

3. 钙的测定

准确称取 20.00 mL 试液于 250 mL 锥形瓶中，加水 20 mL、糊精 10 mL、三乙醇胺 5 mL，摇匀。加 10％的 NaOH 溶液 5 mL（pH≈12）摇匀，2～3 滴 K－B 指示剂（或钙指示剂），用 EDTA标准溶液滴至溶液由紫红色变为蓝绿色（或蓝色），即为终点，记下滴定体积。平行测定 3 次。

4. 计算结果

根据 EDTA 标准溶液的滴定体积，分别计算试样中 CaO 和 MgO 的含量。

［说明］ 溶解白云石样品时，若有不溶物，主要是 SiO_2，分析 Ca^{2+}、Mg^{2+} 时可不考虑。

思 考 题

1. 为什么掩蔽 Fe^{3+}、Al^{3+} 时，可在酸性条件下加入三乙醇胺？用 KCN 掩蔽 Cu^{2+}、Zn^{2+} 等离子，是否也可在酸性条件下进行？

实验十四　铋、铅混合溶液中 Bi^{3+} 和 Pb^{2+} 的连续滴定

一、实验目的

（1）掌握利用控制 pH 值选择性滴定的原理。

（2）掌握络合滴定连续测定金属离子的方法。

二、实验原理

Bi^{3+} 和 Pb^{2+} 均能与 EDTA 形成稳定的 1∶1 配合物，$\lg K_{稳}$ 分别为 27.94 和 18.04。根据混合离子分步滴定的条件：当 $c_{M_1}=c_{M_2}$，$E_t=\pm 0.1\%$，$\Delta pM=\pm 0.2$ 时，则需 $\Delta \lg cK'_{MY}\geqslant 6$。而 BiY 与 PbY 两者的稳定常数相差很大，故可利用控制 pH 分别进行滴定。通常在 pH≈1 时滴定 Bi^{3+}，pH 为 5～6 时滴定 Pb^{2+}。

当 pH≈1 时，以二甲酚橙做指示剂，Bi^{3+} 与二甲酚橙形成紫红色配合物（Pb^{2+} 在此条件下不与指示剂作用），用 EDTA 滴定至溶液突变为亮黄色即为 Bi^{3+} 的终点。在此溶液中加入六亚甲基四胺，调节溶液的 pH 为 5～6，此时 Pb^{2+} 与二甲酚橙形成紫红色配合物，用 EDTA 滴定至溶液再变为亮黄色即为 Pb^{2+} 的终点。

三、主要试剂和仪器

1. 试剂

EDTA 溶液：0.01 mol·L^{-1}。

铅标准溶液：0.01 mol·L^{-1}。准确称取干燥的分析纯 $Pb(NO_3)_2$ 0.8～0.9 g，置于 100 mL烧杯中，加入 1∶3HNO_3 一滴，加水溶解后，定量转移至 250 mL 容量瓶中，用水稀释至刻度，计算铅标准溶液的浓度(mol·L^{-1})。

二甲酚橙：0.2%水溶液。

六亚甲基四胺：20%水溶液，pH=5.5。称取 200 g 六亚甲基四胺溶于水，加入 40 mL 浓 HCl 溶液，稀释到 1 L。

铋、铅混合液：含 Bi^{3+}、Pb^{2+} 各约为 0.01 mol·L^{-1}。准确称取 $Bi(NO_3)_3 \cdot 5H_2O$ 48.5 g，$Pb(NO_3)_2$ 33 g 于烧杯中，加 312 mL 浓 HNO_3，微微加热溶解后，加水稀释至 10 L。

浓 HNO_3：分析纯。

2. 仪器

滴定管：1 支。

移液管：20 mL，2 支。

锥形瓶：250 mL，3 个。

烧杯：250 mL，2 个；100 mL，1 个。

量筒：10 mL，25 mL，100 mL 各 1 个。

容量瓶：250 mL，1 个。

电子天平：分度值 0.01 g，若干台，公用。

电子分析天平：分度值 0.1 mg，若干台，公用。

四、实验内容

1. EDTA 溶液的标定

移取 20.00 mL 铅标准液于 250 mL 锥形瓶中，加入 0.2%二甲酚橙指示剂 2 滴，加入 20%六亚甲基四胺溶液调至溶液呈现稳定的紫红色后，再过量 5 mL，用 EDTA 标准溶液滴定至溶液由紫红色变为亮黄色即为终点。根据滴定所用去的 EDTA 体积和铅标准溶液的浓度，计算 EDTA 的浓度(mol·L^{-1})。

2. Bi^{3+}、Pb^{2+} 的连续滴定

移取试液 20.00 mL 于 250 mL 锥形瓶中，加入水 20 mL，0.2%二甲酚橙指示剂 1 滴，用 EDTA 标准溶液滴定至溶液由紫红色变为亮黄色，即为测定 Bi^{3+} 的终点。根据所耗 EDTA 的体积及 EDTA 的浓度计算试液中 Bi^{3+} 的含量(mg·mL^{-1})。

在滴定 Bi^{3+} 后的溶液中，补加二甲酚橙指示剂 1 滴，用 20%六亚甲基四胺溶液调至溶液呈现稳定的紫红色后，再过量 5 mL，此时溶液的 pH 值为 5～6，再用 EDTA 滴定至溶液由紫红色变为亮黄色，即为测定 Pb^{2+} 的终点。根据所耗 EDTA 溶液的体积及 EDTA 的浓度计算试液中 Pb^{2+} 的含量(mg·mL^{-1})。

[说明]

(1)滴定 Bi^{3+} 时，若酸度过低，Bi^{3+} 将水解，产生白色浑浊。

(2)滴定至近终点时，滴定速度要慢，并充分摇动溶液，以免滴过终点。

思　考　题

1. 滴定 Pb^{2+} 前为何要调节 pH 值为 5～6？为什么要用六亚甲基四胺（$K_b = 1.4 \times 10^{-9}$）而不用氨或碱来中和溶液里的酸？

2. 本实验中，能否先在 pH＝5～6 的溶液中测定 Bi^{3+} 和 Pb^{2+} 的含量，然后再调节 pH≈1 时测 Bi^{3+} 的含量？

实验十五　高锰酸钾标准溶液的配制和标定

一、实验目的

(1)掌握用 $Na_2C_2O_4$ 作基准物质标定高锰酸钾溶液浓度的原理及滴定条件。

(2)了解高锰酸钾标准溶液的配制方法和保存条件。

二、实验原理

高锰酸钾是一种强氧化剂，它的氧化作用和溶液的酸度有关，在强酸性溶液中，高锰酸钾和还原剂反应被还原为二价的锰离子。

高锰酸钾标准溶液常用还原剂草酸钠 $Na_2C_2O_4$ 作基准物质来标定，$Na_2C_2O_4$ 性质稳定，容易提纯，标定反应式为

$$2MnO_4^- + 5C_2O_4^{2-} + 16H^+ \xlongequal{70\sim85℃} 2Mn^{2+} + 10CO_2\uparrow + 8H_2O$$

高锰酸根离子呈深紫红色，还原产物 Mn^{2+} 离子在浓度低时几乎无色，所以，利用高锰酸钾本身的颜色指示滴定终点(称自身指示剂)，其颜色可被觉察的浓度约为 2×10^{-6} mol/L。为使反应能够定量地、较快地进行，应注意下述滴定条件：

(1)温度：由于室温下反应速度缓慢，因此，须将溶液加热至 70～85℃进行滴定。滴定完毕时，溶液的温度应不低于 60℃。

(2)酸度：溶液的酸度应保持在 1 mol/L，滴定终了酸度约为 0.5 mol/L，酸度不够时，往往容易生成二氧化锰褐色沉淀。酸的浓度太大，温度太高，又将引起草酸分解。

(3)催化剂和滴定速度：滴定开始，加入的高锰酸钾溶液与草酸钠反应进行缓慢，此时，必须注意，在第一滴高锰酸钾溶液没有褪色以前，不要加入第二滴，等褪色之后，反应会逐渐加快，这是由于反应生成的 Mn^{2+} 离子起着催化剂的作用，所以叫自动催化反应。

对上述反应，无论如何，滴定仍必须逐滴加入，以免局部浓度过大，引起高锰酸钾在热的酸性溶液中分解而造成误差。分解反应式为

$$4MnO_4^- + 12H^+ \xlongequal{} 4Mn^{2+} + 5O_2\uparrow + 6H_2O$$

固体高锰酸钾常含少量杂质，又因其氧化能力强，易和水中的有机物、空气中的尘埃等还原性物质作用，同时高锰酸钾会自行分解，即

$$4KMnO_4 + 2H_2O \xlongequal{} 4MnO_2\downarrow + 3O_2\uparrow + 4KOH$$

有二氧化锰存在和见光时，分解更会加速。所以，高锰酸钾不能直接配成标准溶液，且必须正

确地注意配制和保存条件：

(1)用煮沸过的蒸馏水配成大约所需浓度的溶液，静置7～10天，使各种还原性物质充分反应。

(2)用砂芯漏斗过滤，以除去二氧化锰沉淀。

(3)贮于棕色瓶(带玻塞)中，放置暗处保存。

(4)久放溶液，使用时应重新过滤、标定。

三、主要试剂和仪器

1.试剂

$KMnO_4$ 固体：分析纯(AR)。

$Na_2C_2O_4$ 固体：基准试剂或分析纯。在105～110℃下干燥2 h后备用。

H_2SO_4 溶液：2 mol·L^{-1}。

2.仪器

棕色试剂瓶：500 mL，1个。

容量瓶：100 mL，1个。

烧杯：100 mL，2个。

锥形瓶：250 mL，3个。

移液管：20 mL，1支。

量筒：10 mL，50 mL，250 mL各一个。

表面皿：1块。

棕色酸式滴定管：25 mL，1支。

洗瓶：500 mL，1个。

称量瓶：1个。

玻璃棒：2根。

洗耳球：1个。

电热恒温水浴锅：1台。

砂芯漏斗：G_4A 或 P_{16}，1个。

电子天平：分度值0.01 g，若干，公用。

电子分析天平：分度值0.1 mg，若干，公用。

漏斗板：若干，公用。

四、实验内容

1.0.01 mol·L^{-1} $KMnO_4$ 溶液的配制

(1)计算配制0.01 mol·L高锰酸钾溶液500 mL，需固体 $KMnO_4$ 多少克？

(2)将称好的固体 $KMnO_4$(用100 mL烧杯称)溶于50 mL水中，盖上表面皿，加热煮沸并搅拌溶解，冷却后转入棕色试剂瓶中，用煮沸过的蒸馏水稀释至所需体积，摇匀，在暗处放置7～10天。

(3)标定前用砂芯漏斗过滤。

2.用 $Na_2C_2O_4$ 标定 $KMnO_4$ 溶液

(1)准确称取计算量的 $Na_2C_2O_4$ 基准物质于100 mL烧杯中，加少量水温热溶解，冷却后移入 100 mL 容量瓶中，用水稀释至刻度，摇匀。

(2)用移液管吸取 $Na_2C_2O_4$ 标准溶液 20.00 mL 于 250 mL 锥形瓶中(同时取三份)，各加 2 mol·L^{-1}稀 H_2SO_4 溶液 10 mL，在水浴锅上加热至 70～85℃，立即用待标定的 $KMnO_4$ 溶液滴定(不能沿瓶壁滴入)，至粉红色经 30 s 不褪，即为终点。

按同样条件重复测定 2～3 次，根据滴定所消耗的 $KMnO_4$ 溶液体积和基准物质的质量，计算 $KMnO_4$ 溶液的浓度。

[说明]

(1)加热可使反应速度加快，但不能煮沸，否则容易引起部分草酸分解，温度超过 90℃，草酸发生分解反应式为

$$H_2C_2O_4 \xlongequal{\triangle} CO_2\uparrow + CO\uparrow + H_2O$$

将使标定的 $KMnO_4$ 溶液浓度偏高。

(2)滴定时，第一滴 $KMnO_4$ 溶液褪色很慢，要充分摇动，待红色消失后再加第二滴，随着溶液中 Mn^{2+} 的生成，反应速度加快，滴定速度可稍快一点，但不能让 $KMnO_4$ 溶液像流水似地流下去，近终点更需小心缓慢滴入，否则 $KMnO_4$ 在热的酸性溶液中发生分解，影响标定的准确度，反应式为

$$4MnO_4^- + 12H^+ \xlongequal{\triangle} 4Mn^{2+} + 5O_2\uparrow + 6H_2O$$

(3)$KMnO_4$ 溶液应装在玻塞滴定管中，由于溶液颜色很深，溶液弯月面最低点不易观察，因此应从液面最高边上读数。

(4)$KMnO_4$ 在强酸性溶液中，还原为无色的 Mn^{2+} 的反应要消耗大量的酸，滴定过程中若发现棕色浑浊(因酸度不足而引起，酸度最低不得<0.2mol/L)，应立即加入 H_2SO_4 补救，若已经达到终点，就应重做，产生棕色浑浊反应式为

$$2MnO_4^- + 3C_2O_4^{2-} + 4H_2O \xlongequal{\triangle} 2MnO_2\downarrow + 6CO_2 + 8OH^-$$

溶液酸度过高(>1mol/L)会促使 $H_2C_2O_4$ 的分解，故亦应注意切勿多加硫酸。

思考题

1. $KMnO_4$ 溶液的配制过程中要用砂芯漏斗过滤，问能否用定量滤纸过滤？为什么？

2. 配制 $KMnO_4$ 溶液应注意些什么？用 $Na_2C_2O_4$ 标定 $KMnO_4$ 溶液时，应注意哪些重要的反应条件？

3. 用 $Na_2C_2O_4$ 标定 $KMnO_4$ 溶液浓度时，为什么必须在大量 H_2SO_4 存在下进行？可以用 HCl 或 HNO_3 溶液吗？

实验十六 石灰石中钙的测定

一、实验目的

(1)了解用高锰酸钾法测定石灰石中钙含量的原理和方法。

(2)学习沉淀分离的基本知识和操作(沉淀、过滤及洗涤等)，尤其是晶形沉淀的制备及洗涤方法。

(3)学习用间接滴定法测定物质含量。

二、实验原理

石灰石的主要成分是 $CaCO_3$，较好的石灰石含 CaO 约 45%～53%，此外还含有 SiO_2，Fe_2O_3，Al_2O_3 及 MgO 等杂质。

测定钙的方法很多，快速的方法是络合滴定法，较精确的方法是本实验采用的高锰酸钾法。后一种方法是将 Ca^{2+} 离子沉淀为 CaC_2O_4，将沉淀滤出并洗净后，溶于热的稀 H_2SO_4 中，再用 $KMnO_4$ 标准溶液滴定与 Ca^{2+} 离子相当的 $C_2O_4^{2-}$ 离子，根据所用 $KMnO_4$ 的体积和浓度计算试样中钙或氧化钙的含量。主要反应式为

$$Ca^{2+} + C_2O_4^{2-} = CaC_2O_4 \downarrow$$

$$CaC_2O_4 + H_2SO_4 = CaSO_4 + H_2C_2O_4$$

$$5H_2C_2O_4 + 2MnO_4^- + 6H^+ = 2Mn^{2+} + 10CO_2 \uparrow + 8H_2O$$

此法用于含 Mg^{2+} 离子及碱金属的试样时，其他金属阳离子不应存在，这是由于它们与 $C_2O_4^{2-}$ 离子容易生成沉淀或共沉淀而形成正误差。

若 Mg^{2+} 离子存在，往往产生后沉淀。如果溶液中含 Ca^{2+} 离子和 Mg^{2+} 离子量相近，也产生共沉淀；如果过量的 $C_2O_4^{2-}$ 离子浓度足够大，则形成可溶性草酸镁络合物 $[Mg(C_2O_4)_2^{2}]^{2-}$；若在沉淀完毕后即进行过滤，则此干扰可减小。当 $[Mg^{2+}]>[Ca^{2+}]$ 时，共沉淀影响很严重，需要进行再沉淀。

按照经典方法，需用碱性溶剂分解试样，制成溶液，分离除去 SiO_2 和 Fe^{3+}、Al^{3+} 离子，然后测定钙。但是其手续太烦，若试样中含酸不溶物较少，可以用酸溶样，Fe^{3+}、Al^{3+} 离子可用柠檬酸铵掩蔽，不必沉淀分离，这样就可简化分析步骤。

CaC_2O_4 是弱酸盐沉淀，其溶解度随溶液酸度增大而增加，在 pH≈4 时，CaC_2O_4 的溶解损失可以忽略。一般采用在酸性溶液中加入 $(NH_4)_2C_2O_4$，再滴加氨水逐渐中和溶液中的 H^+ 离子，使 $[C_2O_4^{2-}]$ 缓缓增大，CaC_2O_4 沉淀缓慢形成，最后控制溶液 pH 值在 3.5～4.5。这样，既可使 CaC_2O_4 沉淀完全，又不致生成 $Ca(OH)_2$ 或 $(CaOH)_2C_2O_4$ 沉淀，能获得组成一定、颗粒粗大而纯净的 CaC_2O_4 沉淀。

其他矿石中的钙，也可用本法测定。

三、主要试剂和仪器

1. 试剂

$KMnO_4$ 溶液：0.01 mol·L^{-1}（标定方法同实验十五）。

石灰石试样：固体。

盐酸：6 mol·L^{-1}。

柠檬酸铵溶液：5%水溶液。

甲基橙指示剂：0.1%水溶液。

氨水：3 mol·L^{-1}。

$(NH_4)_2C_2O_4$ 溶液：0.25 mol·L^{-1}，0.1%。

H_2SO_4 溶液：2 mol·L^{-1}。

$AgNO_3$ 溶液：0.1 mol·L^{-1}。

2. 仪器

长颈三角漏斗:1 个。

慢速滤纸:ϕ12.5 cm。

称量瓶:1 个。

容量瓶:250 mL,1 个。

锥形瓶:250 mL,3 个。

烧杯:250 mL,2 个。

移液管:20 mL,1 支。

棕色酸式滴定管:25 mL,1 支。

量筒:10 mL,3 个;50 mL,2 个。

表面皿:1 块。

玻璃棒:1 根。

滴管:3 个。

洗耳球:1 个。

漏斗板:1 个。

洗瓶:500 mL,1 个。

电子分析天平:分度值 0.1 mg,若干,公用。

电热恒温水浴锅:若干,公用。

四、实验内容

准确称取石灰石试样 0.5 g,置于 250 mL 烧杯中,滴加少量水,使试样润湿,盖上表面皿,缓缓滴加 6 mol·L^{-1} HCl 溶液 10 mL,同时不断摇动烧杯,待停止发泡后,用水淋洗表面皿及烧杯内壁,加 5 mL 5%柠檬酸铵和 50 mL 水,加甲基橙指示剂两滴,溶液呈红色。加入 25 mL 0.25 mol·L^{-1} $(NH_4)_2C_2O_4$ 溶液(若此时有沉淀生成,应在搅拌下加 6 mol·L^{-1} HCl 溶液至沉淀溶解,注意勿多加)。水浴加热至 70～80℃,在不断搅拌下以每秒 1～2 滴的速度滴加 3 mol·L^{-1} 氨水,至溶液由红色变为橙黄色,继续保温约 30 min 并随时搅拌,放置冷却。

用中速滤纸以倾泻法过滤,用冷的 0.1% $(NH_4)_2C_2O_4$ 溶液将沉淀洗涤 3～4 次(每次 15 mL 左右),再用冷水洗涤至滤液不含 Cl^- 离子为止(如何检验?),洗 3～4 次即可。将承接废滤液的烧杯换成 250 mL 容量瓶,用滴管缓慢滴加 2 mol·L^{-1} H_2SO_4 溶液,将 CaC_2O_4 沉淀溶解(H_2SO_4 总体积约 50 mL)后,以水吹洗滤纸 3～5 次,最后,吹洗漏斗颈下口,取出容量瓶,用水稀释至刻线,摇匀。

用移液管从容量瓶中吸取溶液 20.00 mL 置于 250 mL 锥形瓶中,加 2 mol·L^{-1} H_2SO_4 10 mL,加水 20 mL,加热至 70～85℃,用 $KMnO_4$ 标准溶液滴定至溶液呈粉红色,在 30 s 内不消失时为终点,记录 $KMnO_4$ 标准溶液体积。

根据标准溶液体积、浓度,计算试样中 CaO 的质量分数。

[说明]

(1)在过滤和洗涤过程中,尽量使沉淀留在烧杯中,应多次用水淋洗滤纸上部。在洗涤完成时,用表面皿接取几滴滤液,加 1 滴 $AgNO_3$ 溶液,如无混浊现象,证明已洗净。

(2)要重视滤纸上部的淋洗,母液中有大量的 $C_2O_4^{2-}$、Cl^- 渗入滤纸中,不易洗净。用水洗涤沉淀 3～4 次后，应重点淋洗滤纸，自上而下淋洗几次，然后再检查有无 Cl^-。

思　考　题

1. 沉淀 CaC_2O_4 时，为什么要在酸性溶液中加入沉淀剂 $(NH_4)_2C_2O_4$，然后在 70～80℃时滴加氨水至甲基橙变为黄色而使 CaC_2O_4 沉淀？中和时为什么选用甲基橙指示剂来指示酸度？

2. 沉淀生成后为什么要陈化？

3. 洗涤 CaC_2O_4 沉淀时，为什么先要用稀 $(NH_4)_2C_2O_4$ 溶液作洗涤液，然后再用冷水洗？

实验十七　过氧化氢含量的测定

一、实验目的

(1)学习 $KMnO_4$ 法测定 H_2O_2 的原理和方法。

(2)了解 $KMnO_4$ 自身指示剂的特点。

二、实验原理

过氧化氢的水溶液俗称双氧水，在工业、生物、医疗等方面应用广泛，如利用 H_2O_2 的氧化性漂白毛、丝织物，医药上常用于消毒和杀菌；纯 H_2O_2 可用作火箭燃料的氧化剂；工业上利用 H_2O_2 的还原性除去氯气，反应式为

$$H_2O_2 + Cl_2 \xlongequal{\quad} 2Cl^- + O_2\uparrow + 2H^+$$

植物体内的过氧化氢酶能催化 H_2O_2 的分解反应，故在生物上利用此性质测量 H_2O_2 分解所放出的氧来测量过氧化氢酶的活性。由于过氧化氢有着广泛的应用，常需要测定它的含量。

H_2O_2 分子中有一个过氧键—O—O—，在酸性溶液中它是一个强氧化剂。但遇 $KMnO_4$ 时表现为还原剂。测定过氧化氢的含量时，在稀硫酸溶液中，在室温条件下用高锰酸钾法测定，其反应式为

$$5H_2O_2 + 2MnO_4^- + 6H^+ \xlongequal{\quad} 2Mn^{2+} + 5O_2\uparrow + 8H_2O$$

开始时反应速度慢，滴入第一滴溶液不容易褪色，待 Mn^{2+} 生成后，由于 Mn^{2+} 的催化作用，加快了反应速度，故能顺利地滴定到呈现稳定的微红色即为终点。稍过重的滴定剂本身的紫红色(约 $10^{-6}\ mol\cdot L^{-1}$)即显示终点。

H_2O_2 在反应过程中，最后产物是 O_2，半反应式为

$$H_2O_2 \rightleftharpoons 2H^+ + O_2 + 2e \quad (\varphi^{\ominus}_{O_2/H_2O_2} = 0.682\ V)$$

根据 H_2O_2 的摩尔质量和 c_{KMnO_4} 以及滴定中消耗的体积 V_{KMnO_4} 计算 H_2O_2 的含量($\rho_{H_2O_2}$, $g\cdot L^{-1}$)。

$$\rho_{H_2O_2} = \frac{c_{KMnO_4} V_{KMnO_4} M_{H_2O_2}}{V_{试样}} \times \frac{5}{2} \times 1\,000$$

如 H_2O_2 试样系工业产品，用上述方法测定误差较大，因产品中常加入少量乙酰苯胺等有机物质作稳定剂，此类有机物也消耗 $KMnO_4$。遇此情况应采用碘量法等方法测定。利用 H_2O_2 和 KI 作用，析出 I_2，然后用 $S_2O_3^{2-}$ 溶液滴定。

$$H_2O_2 + 2H^+ + 2I^- = 2H_2O + I_2 \quad \varphi^{\ominus}_{O_2/H_2O_2} = 1.77\ V$$

$$I_2 + 2S_2O_3^{2-} = S_4O_6^{2-} + 2I^-$$

三、主要试剂和仪器

1.试剂

H_2O_2 溶液：30%，分析纯。

$KMnO_4$ 溶液：0.02 mol·L^{-1}。

$Na_2C_2O_4$：基准试剂（或分析纯），在105～110℃条件下干燥2 h备用。

H_2SO_4 溶液：3 mol·L^{-1}。

$MnSO_4$ 溶液：1 mol·L^{-1}。

2.仪器

25 mL移液管：1支。

容量瓶：250 mL，1个。

其余仪器同实验十五。

四、实验内容

1.$KMnO_4$ 溶液的配制

称取 $KMnO_4$ 固体约1.6g溶于500 mL水中，盖上表面皿，加热至沸并保持微沸状态1 h，中间可补加一定量的蒸馏水，以使溶液体积基本保持不变。冷却后将溶液转移至棕色瓶内，在暗处放置2～3天，然后用G3或G4砂芯漏斗过滤除去 MnO_2 等杂质，滤液贮存于棕色试剂瓶内备用。

2.用 $Na_2C_2O_4$ 标定 $KMnO_4$ 溶液的浓度

准确称取0.15～0.20 g基准物质 $Na_2C_2O_4$ 三份，分别置于250 mL锥形瓶中，加入30 mL水使之溶解，加入15 mL 3 mol·L^{-1}的 H_2SO_4，在水浴上加热到70～85℃，趁热用高锰酸钾溶液滴定，开始滴定时反应速度慢，待溶液里产生了 Mn^{2+} 后，滴定速度可加快，直到溶液呈现微红色并持续半分钟内不褪色即为终点。根据 $m_{Na_2C_2O_4}$ 和消耗的溶液的体积 V_{KMnO_4} 计算浓度 c_{KMnO_4}。

3.H_2O_2 含量的测定

用吸量管吸取1.00 mL 30% H_2O_2 置于250 mL容量瓶中，加水稀至刻度，充分摇匀。用移液管移取25.00 mL溶液置于250 mL锥形瓶中，加60 mL水，30 mL H_2SO_4，摇匀，用 $KMnO_4$ 标准溶液滴定溶液至微红色在半分钟内不消失即为终点。

因 H_2O_2 与 $KMnO_4$ 溶液开始反应速度很慢，可加入 $MnSO_4$（相当于10～13 mg Mn^{2+} 量）为催化剂，以加快反应速度。

根据 $KMnO_4$ 溶液的浓度和滴定过程中消耗滴定剂的体积，计算试样中 H_2O_2 的含量。

［说明］

蒸馏水中常含有少量的还原性物质，使 $KMnO_4$ 还原为 $MnO_2 \cdot nH_2O$。细粉状的 $MnO_2 \cdot nH_2O$ 能加速 $KMnO_4$ 的分解，故通常将 $KMnO_4$ 溶液煮沸一段时间，冷却后放置2～3天，使之充分作用，然后将沉淀物过滤除去。

思 考 题

1. 用 $KMnO_4$ 法测定 H_2O_3 时，能否用 HNO_3、HCl 和 HAc 控制酸度？为什么？

2. 配制 $KMnO_4$ 溶液时，过滤后的滤器上沾污的产物是什么？应选用什么物质清洗干净？

3. H_2O_2 有什么重要性质？使用时应注意什么？试分析 H_2O_2 与 I_2 和 Cl_2 反应的实质，并分别写出反应式。

实验十八 硫酸亚铁铵含量的测定

一、实验目的

(1)了解高锰酸钾法的应用。

(2)掌握高锰酸钾法测定亚铁盐中铁含量的原理和方法。

二、实验原理

亚铁盐可在硫酸酸性溶液中直接用 $KMnO_4$ 标准溶液滴定。溶液中加入磷酸时，滴定终点颜色改变更加明显，磷酸与黄色的 Fe^{3+} 形成无色的 $Fe(HPO_4)_2^-$ 络离子，溶液则由无色变微红色。滴定反应如式为

$$5Fe^{2+} + MnO_4^- + 8H^+ \longrightarrow 5Fe^{3+} + Mn^{2+} + 4H_2O$$

样品中硫酸亚铁铵的质量分数为

$$w = \frac{5c_{KMnO_4} V_{KMnO_4} \times 10^{-3} \times M_{(NH_4)_2Fe(SO_4)_2 \cdot 6H_2O}}{m_{样}} \times 100\%$$

$KMnO_4$ 为自身指示剂，终点时溶液显微红色。试样中含有氯化物时，在 $KMnO_4$ 与 Fe^{2+} 反应的诱导下，将加速 $KMnO_4$ 与 Cl^- 反应，滴定时氯化物被氧化生成 Cl_2 或 HClO。因 Cl_2 与 Fe^{2+} 离子的反应缓慢，致使 $KMnO_4$ 标准溶液消耗增多，并出现微红色不持久的现象，反应式为

$$10Cl^- + 2MnO_4^- + 16H^+ \xrightarrow{\text{诱导反应}} 5Cl_2 + 2Mn^{2+} + 8H_2O$$

若试样溶液中氯化物的浓度较低，只要加入适量 $MnSO_4$ 试剂，并缓慢滴定，即可减弱 Cl^- 对 $KMnO_4$ 的还原作用，消除上述诱导反应，提高测定结果的准确度。试样溶液中氯化物浓度较大时，强酸性溶液中 Cl^- 与高锰酸钾直接发生反应。此时，在上述条件下进行滴定，滴定将越过终点，微红色不能持久。因此必须预先除去试样中氯化物，其方法是：在试样中先加入硫酸，加热蒸发，除去大部分 Cl^- 后，再进行测定。

三、主要试剂和仪器

1. 试剂

$(NH_4)_2FeSO_4 \cdot 6H_2O$ 试样。

$KMnO_4$ 溶液：0.02 mol·L^{-1}。(标定方法同实验十七)

硫酸-磷酸混合：取 150 mL 浓硫酸，搅拌下缓慢地加入 700 mL 蒸馏水中，冷却后再加入

150 mL 85%的磷酸，混合均匀即成。

$MnSO_4$ 试剂：称取 70 g $MnSO_4 \cdot 4H_2O$，溶于 500 mL 蒸馏水中。在搅拌下慢慢加入 125 mL浓硫酸和 125 mL 85%磷酸，再稀释至 1 000 mL 混匀即成。

2. 仪器

称液管：25 mL，1 支。

棕色酸式滴定管：25 mL，1 支。

锥形瓶：250 mL，3 个。

烧杯：100 mL，250 mL 的各 1 个。

量筒：10 mL，50 mL 的各 1 个。

容量瓶：250 mL，1 个。

表面皿：1 个。

玻璃棒：1 根。

洗瓶：500 mL，1 个。

洗耳球：1 个。

电子分析天平：分度值 0.1 mg，若干，公用。

四、实验内容

准确称取硫酸亚铁铵样品 7.8～8.0 g 于 100 mL 烧杯中，加适量水溶解后，定量转入 250 mL容量瓶中，加水稀释至刻度，摇匀。准确吸取样品溶液 25.00 mL 置于锥形瓶中，加入硫酸-磷酸混合液 10 mL，摇匀。立即用 0.02 mol/L $KMnO_4$ 标准溶液滴定至溶液显微红色持续 30 s 不褪，平行测定三份。计算样品中$(NH_4)_2Fe(SO_4)_2 \cdot 6H_2O$ 的质量分数，平均值和相对平均偏差。

[说明]

(1)平行测定时，硫酸-磷酸混合液要在样品溶液中加入一份，立即滴定一份，不应放置，因为 Fe^{2+} 在硫酸-磷酸的酸性溶液中极易被空气中 O_2 氧化，反应式为

$$4Fe^{2+} + 4H^+ + O_2 = 4Fe^{3+} + 2H_2O$$

(2)氯化物存在时对测定有影响，浓度较低时，可以加入适量 $MnSO_4$ 试剂，消除干扰。

(3)滴定过程中，若溶液出现棕色浑浊，一般是由于溶液酸度不足引起的，可参见实验十五[说明]中第 4 点讨论的方法解决之。

思　考　题

1. 高锰酸钾法测定硫酸亚铁铵含量的原理和方法是什么？

2. 用高锰酸钾法测定硫酸亚铁铵时，能否用 HNO_3 和 HCl 代替硫酸控制酸度？为什么？

3. 硫酸亚铁铵样品溶液中加入硫酸-磷酸混合液后，放置时间较长，不立即进行滴定，对分析结果有何影响？为什么？

实验十九　硫代硫酸钠标准溶液的配制和标定

一、实验目的

(1)学习 $Na_2S_2O_3$ 标准溶液的配制方法和保存条件。

(2)了解标定 $Na_2S_2O_3$ 溶液浓度的原理、方法,掌握间接碘量法的滴定条件。

二、实验原理

结晶的硫代硫酸钠($Na_2S_2O_3 \cdot 5H_2O$)一般均含有少量杂质,

因此,不能直接配成准确浓度的溶液。其溶液也不稳定,易于分解,分解原因有以下几种。

(1)微生物的作用:

$$Na_2S_2O_3 \xrightarrow{\text{微生物}} Na_2SO_3 + S\downarrow$$

这是 $Na_2S_2O_3$ 分解的主要原因。

(2)溶于水的二氧化碳的作用:

$$Na_2S_2O_3 + CO_2 + H_2O = NaHSO_3 + NaHCO_3 + S\downarrow$$

这个反应一般在最初十天内进行,弱碱性溶液能抑制分解。

(3)空气的氧化作用:

$$2Na_2S_2O_3 + O_2 = 2Na_2SO_4 + 2S\downarrow$$

(4)日光照射会促进硫代硫酸钠分解加速。

因此,配制硫代硫酸钠溶液时,需用新煮沸并冷却的蒸馏水,水中事先加入少量碳酸钠(浓度约为 0.2%),使溶液呈弱碱性,防止分解。配好的溶液贮于棕色瓶中,放暗处 8～14 天后再行标定。长期保存的溶液,使用时随时标定。如发现溶液变浑,说明有硫析出,必须重新配制。

标定 $Na_2S_2O_3$ 溶液是用间接碘量法,基准物质有:重铬酸钾、溴酸钾、碘酸钾和金属纯铜等,这些物质与碘化钾反应,例如:定量的溴酸钾与过量的碘化钾作用,第一步反应是生成定量的碘:

$$BrO_3^- + 6I^- + 6H^+ = Br^- + 3I_2 + 3H_2O$$

析出的碘用硫代硫酸钠溶液滴定,反应生成碘离子和连四硫酸根离子($S_4O_6^{2-}$)。

$$I_2 + 2S_2O_3^{2-} = 2I^- + S_4O_6^{2-}$$

终点用淀粉指示剂,根据蓝色恰好消失来判断。在室温及少量碘离子存在下,灵敏度为$[I_2] \sim 1\times10^{-5}\ mol \cdot L^{-1}$。

引起本实验产生误差的来源可能是:第一步反应速度较慢,不易完全,碘的挥发损失及碘离子被空气氧化等。针对这些情况,实验中就要非常注意反应条件

(1)为加快反应速度,反应物浓度尽可能大些,如碘化钾加入的量一般比理论值大 2～5 倍。过量的碘离子与反应生成的碘结合:

$$I_2 + I^- \rightleftharpoons I_3^-$$

生成的络离子 I_3^- 易溶于水,从而降低碘的挥发。

(2)溶液的酸度大,则反应会加速,但酸度太大,碘离子易被空气中的氧气所氧化,所以酸

度一般以 0.2～0.4 mol·L^{-1}较为合适。

(3)在暗处放置一定时间,使反应充分完全。

(4)为防止碘挥发,反应在室温下进行。

(5)滴定前稀释溶液,降低酸度。这样,不仅减慢碘离子被氧化的速度,且可防止硫代硫酸钠分解。

(6)冲稀的溶液要及时滴定,轻轻摇动。减少碘挥发损失。

(7)淀粉溶液在滴定接近终点时加入,否则,较多的碘被淀粉胶粒包住,使蓝色褪去缓慢,妨碍终点判断。

如果滴定终点到达后,经过 5 min 又出现蓝色,这是由于碘离子被氧化所致,不影响分析结果。假若迅速变蓝,说明第一步反应没有完全,遇此情况,实验应该重做。

三、主要试剂和仪器

1.试剂

$Na_2S_2O_3 \cdot 5H_2O$:分析纯。

H_2SO_4 溶液:2 mol·L^{-1}。

KI:分析纯。

Na_2CO_3 溶液:10%。

$KBrO_3$:分析纯。

淀粉溶液:5 g·L^{-1}。称取 0.5 g 可溶性淀粉,加少量蒸馏水调成糊状,在搅拌下加到煮沸的 1 L 水中,搅拌均匀,冷却备用。

2.仪器

棕色试剂瓶:500 mL,1 个。

烧杯:100 mL,250 mL 的各 1 个。

容量瓶:100 mL,1 个。

碘量瓶:250 mL,3 个。

称量瓶:2 个。

量筒:10 mL,2 个;50 mL,1 个。

碱式滴定管:25 mL,1 支。

洗瓶:500 mL,1 个。

表面皿:1 块。

电子天平:分度值 0.01 g,若干台,公用。

电子分析天平:分度值 0.1 mg,若干台,公用。

四、实验内容

1.0.05 mol·L^{-1} $Na_2S_2O_3$ 溶液的配制

称取硫代硫酸钠晶体若干克(用量自己计算),加少量碳酸钠(约 0.04 g,本实验用 8～10 滴 10%的碳酸钠溶液),用新煮沸并冷却的蒸馏水溶解,稀释至 300 mL,保存于棕色试剂瓶中,在暗处放 3～5 天,以待标定。

2. 用 $KBrO_3$ 标定 $Na_2S_2O_3$ 溶液

准确称取一定量的溴酸钾于小烧杯，加水溶解，定量地转入 100 mL 容量瓶，用水稀释至标线，摇匀。吸取 20.00 mL 于锥形瓶中(同时取 3 份)。

于一锥形瓶中加碘化钾固体 1 g，摇动溶解，加 2 mol·L^{-1} 硫酸溶液 5 mL，盖上表面皿，放暗处(柜中)5 min 后，加水 20 mL，用硫代硫酸钠溶液滴定，当溶液由棕色变浅黄色时，加入淀粉溶液5 mL，继续慢慢滴定至蓝色(或紫蓝色)恰好消失成无色透明为终点。用同样的方法做另两份。

根据溴酸钾的质量及滴定用去硫代硫酸钠溶液的体积，计算硫代硫酸钠溶液的准确浓度。

思 考 题

1. 影响硫代硫酸钠溶液稳定的因素有哪些？配制溶液时应采取哪些相应的措施？
2. 淀粉指示剂为什么要在将近终点前加入，加入过早有什么影响？
3. 用 $KBrO_3$ 作基准物标定 $Na_2S_2O_3$ 溶液时，为什么要加入过量的 KI？为什么放置一定时间后要加水稀释？

实验二十 铜盐中铜的测定

一、实验目的

学习应用碘量法测定铜含量的原理和方法。

二、实验原理

矿石、合金或铜盐中的铜含量可以应用间接碘量法测定。首先，选用适当溶剂将试样溶解，制成二价铜盐溶液，再与碘化钾作用，发生下列反应：

$$2Cu^{2+} + 4I^- \longrightarrow 2CuI\downarrow + I_2$$

$$I_2 + I^- \rightleftharpoons I_3^-$$

析出的碘用硫代硫酸钠标准溶液滴定(滴定反应如何写?)，可以求得铜的含量。

由于碘化亚铜沉淀表面强烈地吸附碘，使分析结果偏低，且影响终点不突变。为此，在接近终点时加入硫氰酸钾，使碘化亚铜($K_{sp}=1.1\times10^{-12}$)转化为溶解度更小的硫氰酸亚铜($K_{sp}=4.8\times10^{-15}$)：

$$CuI + SCN^- \longrightarrow CuSCN\downarrow + I^-$$

促使反应趋于完全，加之硫氰酸亚铜沉淀对碘的吸附倾向较小，因而可提高测定结果的准确度。

为防止铜盐溶液水解，反应须在酸性溶液(pH 值 3～4)中进行，又因大量氯离子能与二价铜离子生成络合物，因而采用硫酸或醋酸作介质。另外，测铜含量所用的硫代硫酸钠标准溶液，其浓度最好用电解纯铜标定，以抵消测定的系统误差。

三价铁离子和硝酸根离子能氧化碘离子，必须设法防止干扰。方法是加入掩蔽剂如氟化钠，使三价铁离子生成$[FeF_6]^{3-}$络离子而消除 Fe^{3+} 的干扰；对硝酸根离子则在测定前加硫酸，

将溶液蒸发除去 NO_3^- 而消除其干扰。

本实验仅能用来测定不含干扰性物质的试样。

三、主要试剂与仪器

1. 试剂

H_2SO_4 溶液：0.2 mol·L^{-1}。

KSCN 溶液：10%。

$Na_2S_2O_3$ 溶液：0.05 mol·L^{-1}（标定方法同实验十九）。

淀粉溶液：5 g·L^{-1}。

KI：分析纯。

$CuSO_4$ 试样。

2. 仪器

仪器同实验十九。

四、实验内容

于锥形瓶中准确称取 0.18～0.22 g 铜盐试样共三份，各加入 0.2 mol·L^{-1} 稀硫酸 1 mL、水 30 mL，摇动使之溶解。

取试液一份，加碘化钾固体 0.5 g，立即用硫代硫酸钠标准溶液滴定到浅黄色，然后加入 5 mL 淀粉溶液（如何配制?），继续滴到蓝灰色，加 10 mL 硫氰酸钾溶液，摇匀，溶液的蓝色又转深，再用硫代硫酸钠标准溶液滴定至蓝色恰好消失，此时溶液为米色硫氰酸亚铜的悬浮液，是为终点。

同样操作，滴定其余两份。

计算试样中铜和硫酸铜的质量分数。

思　考　题

1. 加入硫氰酸钾的作用如何？为什么要在接近终点时加入？

2. 如何理解沉淀的转化？沉淀转化的条件是什么？

3. 已知 $\varphi^{\ominus}_{Cu^{2+}/Cu^{+}}=0.17$ V，$\varphi^{\ominus}_{I_2/I^-}=0.54$ V，为什么本法中 Cu^{2+} 离子却能使 I^- 离子氧化为 I_2？

实验二十一　碘量法测定维生素 C 的含量

一、实验目的

(1)掌握 I_2 标准溶液的配制和标定方法。

(2)了解用直接碘量测定维生素 C 含量的原理和方法。

二、实验原理

维生素 C 又称抗坏血酸，为白色或略带淡黄色的结晶或粉末，无臭，味酸，分子式为

$C_6H_8O_6$。由于分子中的烯二醇基具有还原性，能被 I_2 定量地氧化成二酮基，反应式为

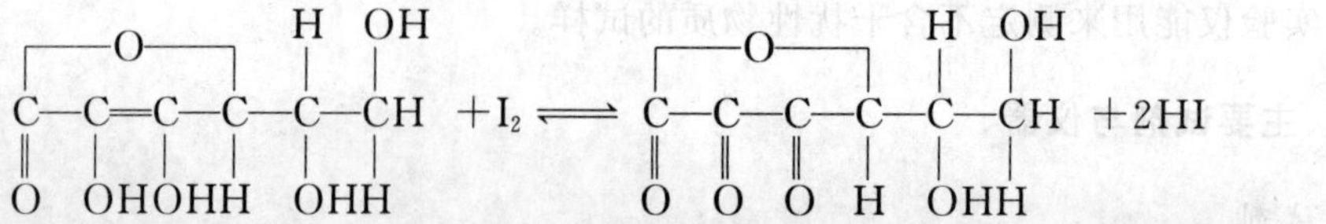

维生素 C 在医药和化学上应用非常广泛，其测定可以在过量 KI 存在的稀 HAc 介质中用 KIO_3 标准溶液滴定。KIO_3 与 KI 反应生成 I_2，首先与维生素 C 反应，待维生素 C 反应完全后，溶液中出现过量 I_2，以淀粉指示剂指示终点；也可直接采用 I_2 标准溶液滴定，本实验采用直接碘量法。

由于维生素 C 的还原性很强，在空气中极易被氧化，尤其是在碱性介质中稳定性更差，测定宜加入 HAc，使溶液呈弱酸性（pH 值 3～4），以减少维生素 C 的副反应。

维生素 C 可用葡萄糖为原料，经氢化、生物氧化、酮化、氧化和转化以及精制等步骤制得，产品中含有各种糖、酮酸、糖醛和无机盐类等杂质。本品原粉置真空的浓硫酸干燥器内干燥 3 h，含 $C_6H_8O_6$ 不得少于 98%。若为维生素 C 药片，其含量应符合不同规格片剂的要求（每片含维生素 C 50 mg，100 mg 等）。

三、主要试剂和仪器

1. 试剂

I_2 溶液：$0.05\ mol \cdot L^{-1}$。称取 3.2 g I_2 和 5 g KI 置于研钵中，加少量蒸馏水，在通风橱中研磨。待 I_2 全部溶解后，将溶液转入棕色试剂瓶中，加水稀释至 250 mL，充分摇匀，放暗处保存。

$Na_2S_2O_3$ 溶液：$0.1\ mol \cdot L^{-1}$（标定方法同实验十九）。

淀粉溶液：$5\ g \cdot L^{-1}$。

HAc 溶液：$2\ mol \cdot L^{-1}$。

固体维生素 C 试样（维生素 C 片剂）。

2. 仪器

移液管：20 mL，1 支。

锥形瓶：250 mL，3 个。

烧杯：100 mL，250 mL 的各 1 个。

研钵：1 个。

量筒：10 mL，2 个；50 mL，1 个。

电子分析天平：分度值 0.1 mg，若干台，公用。

棕色酸式滴定管：25 mL，1 支。

电子天平：分度值 0.01 g，若干台，公用。

电子分析天平：分度值 0.1 mg，若干台，公用。

四、实验内容

1. 用 $Na_2S_2O_3$ 标准溶液标定 I_2 溶液

用移液管移取 20.00 mL $0.1\ mol \cdot L^{-1}$ 的 $Na_2S_2O_3$ 标准溶液于 250 mL 锥形瓶中，加入

50 mL 蒸馏水，3 mL 5 g·L^{-1}淀粉溶液，然后用待标定的 I_2 溶液滴定至溶液呈浅蓝色，30 s 内不褪色即为终点。平行标定 3 份，计算 I_2 溶液的浓度，相对偏差应≤±0.2%。

2. 维生素 C 含量的测定

将待测维生素 C 原粉（或含 100 mg 维生素 C 的药片 10 片）研细，置真空的浓硫酸干燥器内干燥 3 h。准确称取维生素 C 原粉约 0.2 g（或准确称取约含 0.2 g 维生素 C 的药片粉末），置于锥形瓶中，加新煮沸过的冷蒸馏水 100 mL 和 2 mol/L HAc 10 mL，振摇溶解后，加淀粉溶液 2 mL，立即用 I_2 标准溶液滴定至呈现稳定的蓝色。平行测定 3 份，计算维生素 C 的质量分数和平均值。相对偏差应≤±0.5%。

［说明］

(1) 存放的蒸馏水中含有溶解氧，使用时一定要煮沸除去水中大部分氧，否则因维生素 C 是强还原剂，极易被水中的氧氧化，使分析结果偏低。

(2) 平行测定时，要加水溶解样品一份，滴定一份，因为维生素 C 溶液在空气中久置亦极易被氧化，致使分析结果偏低。

(3) 维生素 C 原粉中含有的或压制药片时加入稀释剂、粘结剂和润滑剂中含有的能被 I_2 直接氧化的各种还原性杂质对本测定均有干扰。故试样平行测定的精密度不高。

思 考 题

1. 测定维生素 C 试样为何要在 HAc 介质中进行？
2. 维生素 C 原粉或药片试样溶解时，为何要用新煮沸的冷蒸馏水？
3. 根据滴定结果，怎样计算维生素 C 原粉中维生素 C 的含量？

实验二十二　漂白粉有效氯含量的测定

一、实验目的

了解间接碘量法测定漂白粉有效氯含量的原理和方法。

二、实验原理

漂白粉的主要成分是 CaCl(OCl)，它与酸作用释放出具有漂白及杀菌作用的氯。漂白粉的质量水平以能释放出来的氯量来衡量，称为漂白粉的有效氯，以含 Cl 的质量分数表示。反应式为

$$CaCl(OCl)+2HCl \longrightarrow CaCl_2+Cl_2\uparrow+H_2O$$

漂白粉有效氯的含量可利用漂白粉在酸性溶液中与过量 KI 作用析出等量碘的反应，用 $Na_2S_2O_2$ 标准溶液滴定的方法来测定，其反应式为

$$Cl_2+2I^- \longrightarrow 2Cl^-+I_2$$

$$I_2+2S_2O_3^{2-} \longrightarrow 2I^-+S_4O_6^{2-}$$

市售漂白粉的有效氯含量为 36%～38%。

三、主要试剂和仪器

1. 试剂

KI 溶液：20%。

HCl 溶液：6 mol·L^{-1}。

淀粉溶液：5 g·L^{-1}。

$Na_2S_2O_3$ 标准溶液 0.1 mol·L^{-1}。（标定方法同实验十九）

漂白粉：市售。

2. 仪器

碘量瓶：250 mL，3 个。

容量瓶：250 mL，1 个。

烧杯：100 mL，250 mL 的各 1 个。

量筒：10 mL，3 个；50 mL，1 个。

移液管：25 mL，1 个。

碱式滴定管：25 mL，1 支。

洗耳球：1 个。

电子分析天平：分度值 0.1 mg，若干台，公用。

四、实验内容

从称量瓶中准确称取约 2 g 漂白粉。加少量水于研钵内将其研磨到块状物消失为止，再加水 20 mL 使其溶解，然后将溶液带残渣一起定量地转入 250 mL 容量瓶中，加水至刻度。充分摇匀，立即用移液管吸取均匀的混悬液 25 mL 置一碘量瓶中，加 20%KI 溶液 5 mL 及 6 mol/LHCl溶液 5 mL 摇匀，放暗处静置 5 min。加水约 25 mL，用 0.1 moI/L $Na_2S_2O_3$ 标准溶液滴定至溶液呈淡黄色，加入 0.5%淀粉溶液 2 mL，继续滴定至蓝色恰好消失为止。平行测定三份，计算漂白粉有效氯的含量和平均值。

[说明]

(1)漂白粉加水溶解后，应尽快进行测定。放置过久，尤其在日光照射下，容易分解，使测定结果偏低。

(2)漂白粉一定要研细并保证定量地全部转移至容量瓶中。为避免损失样品，操作时可在容量瓶口上加一个漏斗。

(3)漂白粉在贮存时，常由于受潮，其主要成分 CaCl(OCl) 部分地分解为 $Ca(ClO_2)_2$ 和 $Ca(ClO_3)_2$。ClO_2^- 在酸性溶液中也能氧化 KI 析出等量的 I_2。反应式为

$$ClO_2^- + 4I^- + 4H^+ = Cl^- + 2I_2 + 2H_2O$$

由于在醋酸酸化的溶液中该反应进行的速度极慢，在 HAc 酸化的漂白粉溶液中如有 ClO_2^- 存在时，滴定终点指示剂变色不敏锐。并会出现淀粉指示剂回蓝的现象，造成滴定误差。如在稀 H_2SO_4 或稀 HCl 的酸性溶液中，ClO_2^- 与 I^- 的反应极为迅速，ClO_3^- 离子不干扰。故漂白粉有效氯的测定，宜在稀 H_2SO_4 或稀 HCl 溶液中进行。

(4)为了避免酸化引起氯的损失。应先加入 KI 溶液，然后再加 HCl 酸化。

思　考　题

1.什么是漂白粉的“有效氯”？用间接碘量法测定漂白粉有效氯含量的原理和方法是什么？

2.用分析天平称取漂白粉样品，为什么要装在称量瓶中进行？应怎样进行操作？为什么？

3.为准确测定漂白粉有效氯含量，本实验在操作上需注意哪些问题，应怎样进行操作？

4.有效氯的测定为什么常不是取样 0.2 g 直接测定，而是取样 2 g，再取其定量稀释液测定？这与 H_2O_2 取定量稀释液测定的意义有何不同？

实验二十三　工业苯酚纯度的测定

一、目的

(1)了解和掌握以溴酸钾法与碘量法配合使用来间接测定苯酚含量的原理和方法。

(2)学会配制溴酸钾-溴化钾标准溶液。

二、原理

工业苯酚一般都含有杂质，可用滴定分析法测定苯酚的准确含量。在室温下，一般酚类都能与游离 Br_2 发生定量反应，但反应进行较慢，而且溴极易挥发，因此不能用溴水直接滴定苯酚，而应用过量 Br_2 与苯酚进行溴化反应。由于溴水浓度不稳定，一般用溴酸钾标准格液在酸性介质中与过量溴化钾反应产生相当量的游离溴：

$$BrO_3^- + 5Br^- + 6H^+ = 3Br_2 + 3H_2O$$

析出的 Br_2 与苯酚反应生成稳定的三溴苯酚白色沉淀：

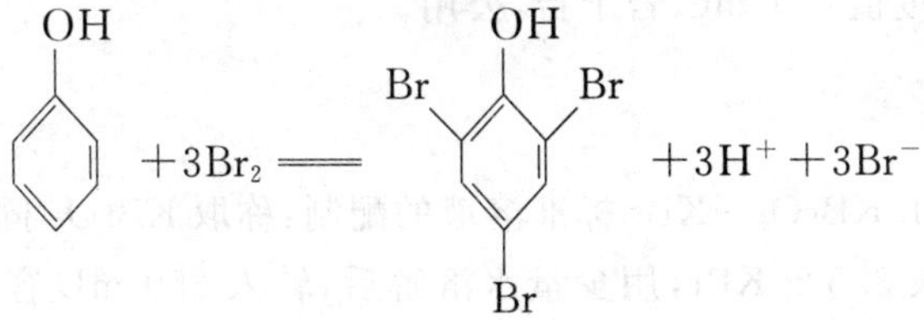

由于不能用 $Na_2S_2O_3$ 直接滴定 Br_2，因此过量的 Br_2 应与过量 KI 作用，置换出 I_2：

$$Br_2 + 2KI = I_2 + 2KBr$$

析出的 I_2 再用 $Na_2S_2O_3$ 标准溶液滴定：

$$I_2 + 2Na_2S_2O_3 = 2NaI + Na_2S_4O_6$$

由上述反应可以看出，被测定苯酚与滴定剂 $Na_2S_2O_3$ 间存在如下的计量关系：

$$C_6H_5OH \sim BrO_3^- \sim 3Br_2 \sim 3I_2 \sim 6S_2O_3^{2-}$$

试样中苯酚含量为

$$w_{C_6H_5OH} = \frac{\left[(cV)_{BrO_3^-} - \frac{1}{6}(cV)_{S_2O_3^{2-}}\right] M_{C_6H_5OH}}{m_s}$$

$Na_2S_2O_3$ 溶液通常用基准物质 $K_2Cr_2O_7$，$KBrO_3$ 或纯铜标定，本实验为了与测定苯酚的条件一致,采用 $KBrO_3-KBr$ 标定。这样,由加入的 Br_2 的量(相当于"空白试验"消耗的 $Na_2S_2O_3$ 的量)和剩余的 Br_2 的量(相当于滴定试样所消耗的 $Na_2S_2O_3$ 的量),计算试样中苯酚的含量。

苯酚是煤焦油的主要成分之一,广泛应用于杀菌、消毒,并作为高分子材料、染料、医药、农药合成的原料。苯酚的生产和应用会造成环境污染,因此它也是常规环境监测的主要项目之一。

三、主要试剂和仪器

1. 试剂

$KBrO_3$:分析纯。

KBr:分析纯。

$Na_2S_2O_3$ 溶液:0.05 $mol \cdot L^{-1}$。

淀粉溶液:5 $g \cdot L^{-1}$。

KI 溶液:10%。

HCl 溶液:6 $mol \cdot L^{-1}$。

NaOH 溶液:10%。

工业苯酚试样。

2. 仪器

碘量瓶:250 mL,3 个。

容量瓶:100 mL,1 个;250 mL,1 个。

烧杯:100 mL,2 个;250 mL,1 个。

量筒:10 mL,3 个;50 mL,1 个。

移液管:10 mL,2 支。

电子分析天平:分度值 0.1 mg,若干台,公用。

四、实验内容

(1)0.017 00 mol/L $KBrO_3-KBr$ 标准溶液的配制:称取 $KBrO_3$ 固体试剂 0.696 0 g 置于 100 mL 烧杯中,再加入 3.5 g KBr,用少量水溶解后,转入 250 mL 容量瓶中,以水稀释至刻度,摇匀,此溶液的浓度为 0.016 67 moI/L。

(2)苯酚含量的测定:准确称取工业苯酚试样 0.1~0.12 g 于 100 mL 烧杯中,加 5 mL 10%NaOH 溶液及少量水,溶解后转入 100 mL 容量瓶中,用水洗烧杯数次,洗涤溶液一并转入容量瓶中,用水稀释至刻度,摇匀,准确吸取试液 10.00 mL 于 250 mL 碘量瓶中,再吸取 10.00 mL$KBrO_3-KBr$ 标准溶液于碘量瓶中,并加入 10 mL 6 $mol \cdot L^{-1}$ HCl 溶液,迅速加塞振摇 1~2 min,再静置 5~10 min,此时生成白色三溴苯酚沉淀和 Br_2。加入 10% KI 溶液 10 mL,摇匀,静置 5~10 min。用少量水冲洗瓶塞及瓶颈上附着物,再加水 25 mL,最后用 0.05 mol/L $Na_2S_2O_3$ 标准溶液滴定至呈淡黄色。加 5 mL 0.2%淀粉溶液,继续滴定至蓝色消失,即为终点。记录用去 $Na_2S_2O_3$ 标准溶液的体积 V_1,共做 3 份。

同时做空白试验 3 份,并计算用去 $Na_2S_2O_3$ 标准溶液的体积 V_2。

根据实验结果计算苯酚含量。

［说明］

(1)$Na_2S_2O_3$ 标准溶液的浓度要在与测定苯酚相同条件下进行标定，这样可以减少由于 Br_2 的挥发损失等因素而引起的误差。

(2)$KBrO_3-KBr$ 溶液加酸及 KI 溶液时即迅速产生游离 Br_2，Br_2 容易挥发，因此加 HCl 溶液及 KI 溶液时，将瓶塞与瓶壁间留一点小缝，让 HCl、KI 溶液沿瓶塞流入，随即塞紧，并加水封住瓶口，以免 Br_2 挥发损失。

(3)在放置过程中要不时加以摇动。

(4)空白实验实际上是用 $KBrO_3-KBr$ 标准溶液标定 $Na_2S_2O_3$ 溶液的浓度，可得试样中的苯酚含量为

$$w_{C_6H_5OH}=\frac{\frac{1}{6}\times c_{Na_2S_2O_3}\times(V_2-V_1)M_{C_6H_5OH}}{m_s\times\frac{10.00}{100.00}}\times100\%$$

思　考　题

1. 为什么要做空白试验？拟订出做空白试验的操作步骤。

2. 为什么加入 HCl 和 KI 时，都不能把瓶塞打开，而只能松开瓶塞，沿瓶塞迅速加入，随即塞紧瓶塞？

实验二十四　可溶性氯化物中氯含量的测定(莫尔法)

一、实验目的

(1)学习 $AgNO_3$ 标准溶液的配制和标定方法。

(2)掌握用莫尔法进行沉淀滴定的原理、方法和操作过程。

二、实验原理

某些可溶性氯化物中氯含量的测定常采用莫尔法(Mohr)。此法是在中性或弱碱性溶液中，以 K_2CrO_4 为指示剂，以 $AgNO_3$ 标准溶液进行滴定。由于 AgCl 沉淀的溶解度比 Ag_2CrO_4 沉淀的溶解度小，因此，溶液中首先析出 AgCl 沉淀。当 AgCl 定量沉淀后，过量的 $AgNO_3$ 溶液即与 CrO_4^{2-} 生成砖红色 Ag_2CrO_4 沉淀，指示达到滴定终点。反应式为

$$Ag^+ + Cl^- \longrightarrow AgCl\downarrow(\text{白色})\quad K_{sp}=1.8\times10^{-10}$$

$$2Ag^+ + CrO_4^{2-} \longrightarrow Ag_2CrO_4\downarrow(\text{砖红色})\quad K_{sp}=2.0\times10^{-12}$$

滴定必须在中性或弱碱性溶液中进行，最适宜 pH 范围为 6.5～10.5。如果有铵盐存在，为避免$[Ag(NH_3)_2]^+$的生成，溶液的 pH 需控制在 6.5～7.2 之间。

指示剂的用量对滴定有影响，CrO_4^{2-} 浓度太大，终点提前；反之，终点滞后。实验证明，CrO_4^{2-} 浓度一般控制在 $5\times10^{-3}\ mol\cdot L^{-1}$。凡是能与 Ag^+ 生成难溶化合物或络合物的阴离子都干扰测定，如 PO_4^{3-}，AsO_4^{3-}，SO_3^{2-}，S^{2-}，CO_3^{2-}，$C_2O_4^{2-}$ 等。其中 H_2S 可加热煮沸除去，将 SO_3^{2-} 氧化成 SO_4^{2-} 后不再干扰测定。大量 Cu^{2+}，Ni^{2+}，Co^{2+} 等有色离子将影响终点观察。凡

是能与 CrO_4^{2-} 指示剂生成难溶化合物的阳离子也能干扰测定，如 Ba^{2+} 、Pa^{2+} 能与 CrO_4^{2-} 分别生成 $BaCrO_4$ 和 $PbCrO_4$ 沉淀。Ba^{2+} 的干扰可加入过量的 Na_2SO_4 消除。Al^{3+}，Fe^{3+}，Bi^{3+}，Sn^{4+} 等高价金属离子在中性或弱碱性溶液中易水解产生沉淀，会干扰测定。

三、主要试剂和仪器

1. 试剂

NaCl 基准试剂：在 500～600℃高温炉中灼烧半小时后，置于干燥器中冷却。也可将 NaCl 置于带盖的瓷坩埚中，加热，并不断搅拌，待爆炸声停止后，继续加热 15 min，将坩埚放入干燥器中冷却后使用。

$AgNO_3$ 溶液（$0.1\ mol \cdot L^{-1}$）：准确称取 8.5 g $AgNO_3$ 溶于 500 mL 蒸馏水中，将溶液转入棕色试剂瓶中，置暗处保存，以防光照分解。

K_2CrO_4 溶液：$50\ g \cdot L^{-1}$。

NaCl 试样。

2. 仪器

锥形瓶：250 mL，3 个。

烧杯：100 mL，2 个；250 mL，1 个。

棕色试剂瓶：500 mL，1 个。

洗瓶：500 mL，1 个。

容量瓶：100 mL，250 mL 各 1 个。

移液管：25 mL，2 支。

吸量管：1 mL，1 支。

量筒：50 mL，1 个。

酸式滴定管：25 mL，1 支。

带盖瓷坩埚：1 个。

称量瓶：1 个。

干燥器：若干个，公用。

马弗炉：若干台，公用。

电子分析天平：分度值 0.1 mg，若干台，公用。

四、实验内容

1. $AgNO_3$ 溶液标定

准确称取 0.58 g～0.65 g NaCl 基准试剂于小烧杯中，用蒸馏水溶解后，转入 100 mL 容量瓶中，稀释至刻度，摇匀。

用移液管移取 25.00 mL NaCl 溶液于 250 mL 锥形瓶中，加入 25 mL 水，用吸量管加入 1 mL K_2CrO_4 溶液，在不断摇动下，用待标定的 $AgNO_3$ 溶液滴定至呈现砖红色，即为终点，平行标定 3 份。根据所消耗 $AgNO_3$ 的体积和 NaCl 的质量，计算 $AgNO_3$ 标准溶液的浓度。

2. 试样分析

准确称取 1.9～2.0 g NaCl 试样置于烧杯中，加少量蒸馏水溶解后，转入 250 mL 容量瓶中，用水稀释至刻度，摇匀。

用移液管移取 25.00 mL 试液于 250 mL 锥形瓶中，加 25 mL 水，用 1 mL 吸量管加入 1 mL K_2CrO_4 溶液，在不断摇动下，用 $AgNO_3$ 标准溶液滴定至溶液出现砖红色，即为终点。平行测定 3 份，计算试样中氯的含量。

实验完毕后，将装 $AgNO_3$ 溶液的滴定管先用蒸馏水冲洗 2～3 次后，再用自来水洗净，以免生成 AgCl 沉淀残留于管内。含银废液需回收，不要随意倒弃。

［说明］

(1)指示剂用量大小对测定有影响，必须定量加入。溶液较稀时，须作指示剂的空白校正，方法如下：取 1 mL K_2CrO_4 指示剂溶液，加入适量水，然后加入无 Cl^- 的 $CaCO_3$ 固体(相当于滴定时 AgCl 的沉淀量)，制成相似于实际滴定的浑浊溶液。逐渐滴入 $AgNO_3$ 溶液，至与终点颜色相同为止，记录读数，从滴定试液所消耗的 $AgNO_3$ 体积中扣除此读数。

(2)滴至快到终点时，要充分摇动溶液，以确保终点的观察。至接近终点时，乳液有所澄清，AgCl 沉淀开始凝聚下降，终点时是白色沉淀中混有很少量的 Ag_2CrO_4 沉淀，近浅橙色，注意不要滴过头。

思 考 题

1. 莫尔法测氯时，为什么溶液的 pH 须控制在 6.5～10.5？若溶液中存在铵盐，溶液的 pH 应控制在什么范围？

2. 以 K_2CrO_4 作指示剂时，指示剂浓度过大或过小对测定有何影响？

实验二十五　酱油中氯化钠含量的测定(佛尔哈德法)

一、实验目的

(1)学习 NH_4SCN 标准溶液的配制和标定。

(2)了解佛尔哈德法测定氯化物含量的基本原理和方法。

(3)比较几种不同沉淀滴定法的差别。

二、实验原理

在含有 Cl^- 的酸性试样中，加入一定量过量的 $AgNO_3$，这时试液中有白色的氯化银沉淀生成，剩余的 $AgNO_3$ 用铁铵钒 $NH_4Fe(SO_4)_2$ 做指示剂，用硫氰酸铵标准溶液定到刚有血红色出现(过量 1 滴 SCN^- 与 Fe^{3+} 形成血红色配合物$[Fe(SCN)]^{2+}$)，指示滴定终点。反应式为

$$NaCl + 2AgNO_3 \longrightarrow AgCl\downarrow + NaNO_3 + AgNO_3(\text{剩余})$$

$$AgNO_3(\text{剩余}) + NH_4SCN \longrightarrow AgSCN\downarrow + NH_4NO_3$$

$$3NH_4SCN + FeNH_4(SO_4)_2 \longrightarrow Fe(SCN)_3 + 2(NH_4)_2SO_4$$

指示剂用量大小对滴定有影响，一般控制 Fe^{3+} 浓度为 0.015 mol·L^{-1} 为宜。

佛尔哈德法应在酸性介质中进行。若在中性或弱碱性介质中，指示剂中的 Fe^{3+} 会发生水解或生成 $Fe(OH)_3$ 沉淀。碱性介质中 Ag^+ 也会水解形成 Ag_2O 沉淀。但是，酸度也不能太高，否则 SCN^- 的酸效应影响严重。

滴定时，控制氢离子浓度为 0.1～1mol·L^{-1}，激烈摇动溶液，并加入硝基苯(注意：有毒！)

或石油醚保护 AgCl 沉淀，使其与溶液隔开，防止 AgCl 沉淀与 SCN^- 发生交换反应而消耗滴定剂。

测定时，凡是能与 SCN^- 生成沉淀，或生成络合物，或能氧化 SCN^- 的物质均有干扰，而 PO_4^{3-}，AsO_4^{3-}，CrO_4^{2-} 等离子，由于酸效应的作用则不影响测定。

佛尔哈德法亦常用于直接测定银合金和矿石中的银含量。

三、主要试剂和仪器

1. 试剂

NaCl 基准试剂：在 500～600℃下灼烧半小时后，放置于干燥器中冷却。也可将 NaCl 置于带盖的瓷坩埚中，加热，并不断搅拌，待爆炸声停止后，将坩埚放入干燥器中冷却后使用。

$AgNO_3$ 溶液（0.1 mol·L^{-1}）：准确称取 8.5 g $AgNO_3$ 溶于 500 mL 蒸馏水中，将溶液转入棕色试剂瓶中，置暗处保存，以防见光分解。

NH_4SCN 溶液（0.1 mol·L^{-1}）：称取 3.8 g 的 NH_4SCN，用水溶解后，稀释至 500 mL，于试剂瓶中待用。

$FeNH_4(SO_4)_2$ 溶液：400 g·L^{-1}（100 mL 内含 6 mol·L^{-1} HNO_3 25 mL）

K_2CrO_4 溶液：50 g·L^{-1}。

硝基苯：分析纯。

HNO_3：1∶1 水溶液。若含有氮的氧化物而呈黄色时，则应煮沸驱除氮化合物。

酱油试样：市售。

2. 仪器

带盖瓷坩埚：1 个。

棕色试剂瓶：500 mL，1 个。

烧杯：500 mL，250 mL 的各 1 个。

容量瓶：250 mL，100 mL 的各 1 个。

移液管：25 mL，2 支；10 mL，1 支。

吸量管：5 mL，1 支；1 mL，2 支。

量杯：50 mL，1 个；25 mL，1 个。

具塞锥形瓶：250 mL，3 个。

四、实验内容

1. $AgNO_3$ 溶液的标定

准确称取 1.462 1 g 基准 NaCl 并置于小烧杯中，用蒸馏水溶解后，定量转入 250 mL 容量瓶中，稀释至刻度，摇匀。用移液管移取 NaCl 溶液 25.00 mL 于 250 mL 锥形瓶中，加入 25 mL水，用 1 mL 吸量管加入 1.00 mL 50% K_2CrO_4 溶液。在不断摇动下，用 $AgNO_3$ 滴定至呈现砖红色，即为终点。平行标定 3 份，根据所消耗的 $AgNO_3$ 溶液的体积和 NaCl 标准溶液的浓度计算 $AgNO_3$ 溶液的浓度。

2. NH_4SCN 溶液的标定

用移液管移取 25.00 mL $AgNO_3$ 标准溶液于 250 mL 锥形瓶中，加 1∶1 HNO_3 5 mL，用 1 mL 吸量管加入铁铵矾指示剂 1.00 mL，用 NH_4SCN 溶液滴定。滴定时，激烈振荡溶液，当滴至溶液颜色为淡红色且稳定不变时，即为终点。平行标定 3 份，计算 NH_4SCN 溶液的浓度。

3.试样分析

移取 5.00 mL 酱油于 100 mL 容量瓶中，加水至刻度摇匀，吸取酱油稀释液 10.00 mL 于具塞锥形瓶中，加水 40 mL，混匀。加入 1∶1 的 HNO_3 5 mL，0.1 $mol \cdot L^{-1}$ $AgNO_3$ 标准溶液 25.00 mL 和硝基苯 2 mL，塞住瓶口，剧烈振荡半分钟，使 AgCl 沉淀进入硝基苯层而与溶液隔开。再加入 $FeNH_4(SO)_2$ 溶液 1.00 mL，用 0.1 $mol \cdot L^{-1}$ NH_4SCN 标准溶液滴定至淡红色且稳定不变时，即为终点，平行测定 3 份，计算酱油中氯化钠含量。

［说明］

由滴定管加入 $AgNO_3$ 标准溶液至过量 5～10 mL。加 $AgNO_3$ 溶液时，生成白色 AgCl 沉淀，接近计量点时，AgCl 要凝聚，振荡溶液，再让其静置片刻，使沉淀沉降，然后加入几滴 $AgNO_3$ 到清液层，如不生成沉淀，说明 $AgNO_3$ 已过量，这时再适当过量 5～10 mL $AgNO_3$ 溶液即可。

思 考 题

1.佛尔哈德法测氯时，为什么要加入石油醚或硝基苯？当用此法测定 Br^-，I^- 时，还需加入石油醚或硝基苯吗？

2.试讨论酸度对佛尔哈德法测定卤素离子含量时的影响。

3.本实验为什么用 HNO_3 酸化？可否用 HCl 溶液或 H_2SO_4 酸化？为什么？

实验二十六　可溶性钡盐中钡含量的测定（重量分析法）

一、实验目的

(1)学习重量法测定钡含量的原理和方法。

(2)掌握晶形沉淀的制备方法及重量分析的基本操作。

二、实验原理

$BaSO_4$ 重量法既可用于测定 Ba^{2+} 含量，也可用于测定 SO_4^{2-} 的含量。

将 $BaCl_2 \cdot 2H_2O$ 试样溶解于水后，加稀 HCl 溶液酸化，加热至近沸，在不断搅动下，缓慢地加入热的稀 H_2SO_4 溶液，Ba^{2+} 与 SO_4^{2-} 反应，形成 $BaSO_4$ 沉淀。沉淀经陈化、过滤、洗涤、灼烧后，以 $BaSO_4$ 形式称量，可求出试样中钡的含量。

Ba^{2+} 可生成一系列微溶化合物，如 $BaCO_3$、BaC_2O_4、$BaCrO_4$、$BaHPO_4$、$BaSO_4$ 等，其中以 $BaSO_4$ 溶解度最小，100 mL 溶液中，100℃时溶解 0.4 mg，25℃时仅溶解 0.25 mg。在过量沉淀剂存在时，溶解度大为减小，一般可以忽略不计。

硫酸钡重量法一般在 0.05 $mol \cdot L^{-1}$ 左右盐酸介质中进行沉淀，是为了防止产生 $BaCO_3$、$BaHPO_4$、$BaHAsO_4$ 沉淀以及防止生成 $Ba(OH)_2$ 共沉淀。同时，适当提高酸度，增加 $BaSO_4$ 在沉淀过程中的溶解度，以降低其相对过饱和度，有利于获得较好的晶形沉淀。

用 $BaSO_4$ 重量法测定 Ba^{2+} 时，一般用稀 H_2SO_4 作沉淀剂。为了使 $BaSO_4$ 沉淀完全，H_2SO_4 必须过量。由于 H_2SO_4 在高温下可挥发除去，故沉淀带下的 H_2SO_4 不致引起误差，因此沉淀剂可过量50%～100%。如果用$BaSO_4$重量法测定SO_4^{2-}时，沉淀剂$BaCl_2$只允许过量20%～30%，因为$BaCl_2$灼烧时不易挥发除去。

$PbSO_4$、$SrSO_4$的溶解度均较小，因此，Pb^{2+}、Sr^{2+}的存在对钡的测定有干扰。NO_3^-、ClO_3^-、Cl^-等阴离子和K^+、Na^+、Ca^{2+}、Fe^{3+}等阳离子均可以引起共沉淀现象，故应严格掌握沉淀条件，减少共沉淀现象，以获得纯净的$BaSO_4$晶形沉淀。

三、主要试剂和仪器

1. 试剂

H_2SO_4溶液：1 mol·L^{-1}。

HCl溶液：2 mol·L^{-1}。

HNO_3溶液：2 mol·L^{-1}。

$AgNO_3$溶液：0.1 mol·L^{-1}。

$BaCl_2\cdot 2H_2O$：分析纯。

2. 仪器

瓷坩埚：25 mL，2个。

慢速定量滤纸。

坩埚钳：1把。

玻璃漏斗：2个。

量杯：100 mL，10 mL的各1个。

烧杯：250 mL，100 mL的各2个。

滴管：1支。

表面皿：2个。

玻璃棒：2根。

四、实验内容

1. 瓷坩埚的准备

将两个瓷坩埚洗净、晾干，在800～850℃的马福炉中灼烧。第一次灼烧30～45 min，取出稍冷片刻(约30 s)，转入干燥器中冷至室温后称量。第二次灼烧15～20 min，取出稍冷，转入干燥器中冷至室温后再称重。如此操作，直到两次称得的坩埚质量之差不超过0.3 mg为止，即达恒重。

2. $BaSO_4$沉淀的制备

准确称取0.4～0.6 g $BaCl_2\cdot 2H_2O$试样2份，分别置于250 mL烧杯中，各加入70 mL水，2 mol·L^{-1}的HCl溶液3mL，搅拌溶解，盖上表面皿加热至近沸。

另取4 mL 1 mol·L^{-1} H_2SO_4 3份于3个100 mL烧杯中，加水30 mL，加热至近沸，趁热将3份H_2SO_4溶液分别用小滴管逐滴地加入到3份热的钡盐溶液中，并用玻璃棒不断搅拌，直至溶液加完为止。待$BaSO_4$沉淀下沉后，于上层清液中加入1～2滴1 mol·L^{-1} H_2SO_4溶液，仔细观察沉淀是否完全。若清液变浊，应补加一些H_2SO_4溶液。沉淀完全后，将玻璃棒靠在烧杯嘴边(切勿将玻璃棒拿出杯外)，盖上表面皿，将沉淀置于微沸的水浴上陈化40 min～1 h，其间搅动数次。也可将沉淀在室温下放置过夜沉化。

3. $BaSO_4$ 沉淀的过滤和洗涤

沉淀自然冷却后，用慢速定量滤纸以倾泻法过滤：先将上层清液倾注于滤纸上，再以稀 H_2SO_4（用 1 mL 1 mol · L^{-1} H_2SO_4 加 100 mL 水配成）洗涤沉淀 3～4 次，每次约 10 mL。然后，将沉淀小心地移到滤纸上。用一小片滤纸擦拭杯壁。将此小片滤纸放于漏斗内的滤纸上，再用水淋洗滤纸和沉淀数次至滤液中无 Cl^- 为止（检查方法：用试管收集 1 mL 滤液，加 1 滴 2 mol · L^{-1} HNO_3 酸化，加入 1 滴 $AgNO_3$ 溶液，混匀后若无白色浑浊产生，表示 Cl^- 已洗净）。

4. 沉淀的灼烧和恒重

将盛有沉淀的滤纸取出并折成小包，置于已恒重的瓷坩埚中，在电炉上经烘干、炭化、灰化后，置于 800～850℃ 马福炉中灼烧至恒重（灼烧与冷却条件要与空坩埚恒重时相同），计算 $BaCl \cdot 2H_2O$ 中 Ba 的含量。

[说明]

(1) 滤纸灰化时空气要允足，否则 $BaSO_4$ 易被滤纸中的碳还原为灰黑色的 BaS，反应式为

$$BaSO_4 + 4C \xlongequal{} BaS + 4CO\uparrow$$

$$BaSO_4 + 4CO \xlongequal{} BaS + 4CO_2\uparrow$$

如遇此情况，可加 2～3 滴 (1+1) H_2SO_4，小心加热，冒烟后重新灼烧。

(2) 灼烧温度不能太高，如超过 950℃，可能有部分 $BaSO_4$ 分解：

$$BaSO_4 \xlongequal{} BaO + SO_3\uparrow$$

(3) 从马福炉中取出坩埚时，先将坩埚移至炉口，至红热稍退后，再将坩埚取出放在洁净的瓷板上。夹取坩埚时，坩埚钳应预热。待坩埚冷至红热退去后，将坩埚转至干燥器中冷却。

(4) 灼燃后的坩埚，特别是沉淀，会在空气中吸水受潮，故称量速度要快，平衡后马上读数。

思 考 题

1. 为什么要在稀热 HCl 溶液中且不断搅拌下逐滴加入沉淀剂沉淀 $BaSO_4$？HCl 加入太多有何影响？

2. 为什么要在热溶液中沉淀 $BaSO_4$，但要待自然冷却后过滤？趁热过滤或强制冷却好不好？晶形沉淀为什么要陈化？

3. 什么叫倾泻法过滤？洗涤沉淀时，为什么用洗涤液或水都要少量、多次？为保证 $BaSO_4$ 沉淀的溶解损失不超过 0.1%，洗涤沉淀用水量最多不超过多少毫升？

实验二十七　邻二氮杂菲分光光度法测定铁

一、实验目的

(1) 了解分光光度法测定物质含量的一般条件及其选定方法。
(2) 掌握邻二氮杂菲分光光度法测定铁的原理。
(3) 了解分光光度计的构造和使用方法。
(4) 学会标准曲线的绘制，会利用线性回归方程计算未知样品中 Fe 的含量。

二、实验原理

(1) 光度法测定的条件：分光光度法测定物质含量应注意的条件主要是显色反应的条件和

测量吸光度的条件。显色反应的条件有显色剂用量、介质的酸度、显色反应的温度、显色反应时间及干扰物质的消除方法等；测量吸光度的条件包括应选择的入射光波长、吸光度范围和参比溶液等。

(2)邻二氢杂菲-亚铁络合物：邻二氮杂菲是测定微量铁的一种较好试剂。在 pH＝2～9 的条件下，Fe^{2+} 离子与邻二氮杂菲生成极稳定的橘红色络合物，反应式为

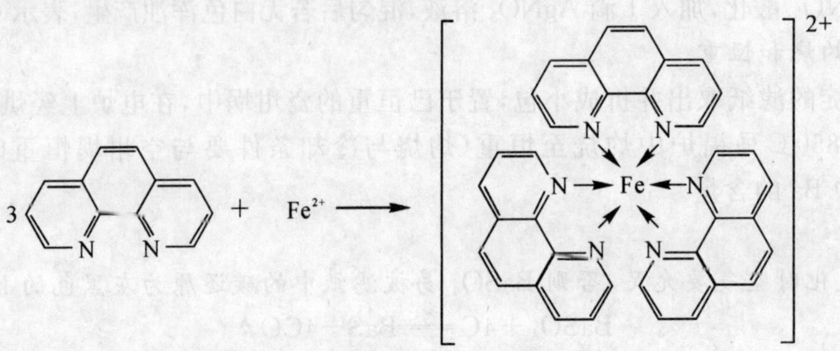

此络合物 $\lg K_{稳}=21.3$，摩尔吸光系数 $\varepsilon_{510\ nm}=1.1\times10^4\ L\cdot mol^{-1}\cdot cm^{-1}$。

在显色前，首先用盐酸羟胺把 Fe^{3+} 离子还原为 Fe^{2+} 离子，其反应式为

$$2Fe^{3+}+2NH_2OH\cdot HCl = 2Fe^{2+}+N_2\uparrow+2H_2O+4H^++2Cl^-$$

测定时，控制溶液酸度在 pH5 左右较为适宜。酸度高时，反应进行较慢；酸度太低，则 Fe^{2+} 离子水解，影响显色。

Be^{3+}、Cd^{2+}、Hg^{2+}、Ag^+、Zn^{2+} 等离子与显色剂生成沉淀，Ca^{2+}、Cu^{2+}、Ni^{2+} 等离子与显色剂形成有色络合物。因此当这些离子共存时，应注意它们的干扰作用。

三、主要试剂和仪器

1.试剂

铁标准溶液 A：100 $\mu g\cdot mL^{-1}$。准确称取 0.863 4 g 分析纯 $NH_4Fe(SO_4)_2\cdot12H_2O$，置于一烧杯中，以 30 mL 2 $mol\cdot L^{-1}$ HCl 溶液溶解后移入 1 000 mL 容量瓶中，以水稀释至刻度，摇匀。

铁标准溶液 B：10 $\mu g\cdot mL^{-1}$。由 100 $\mu g\cdot mL^{-1}$ 的铁标准溶液稀释 10 倍而成。

邻二氮杂菲溶液：0.1％水溶液。避光保存，溶液变暗时即不能使用。

$NH_2OH\cdot HCl$ 溶液：10％（新鲜配制）。

NaAc 溶液：1 $mol\cdot L^{-1}$。

NaOH 溶液：0.4 $mol\cdot L^{-1}$。

HCl 溶液：2 $mol\cdot L^{-1}$。

广泛 pH 试纸：pH 1～14。

精密 pH 试纸。

含铁未知液。

2.仪器

比色管：25 mL，8 支。

吸量管：1 mL，2 支；2 mL，1 支；5 mL，4 支。

洗耳球：1个。

烧杯：250 mL，1个。

洗瓶：500 mL，1个。

分光光度计：1台。

四、实验内容

1.条件试验

(1)吸收曲线的绘制。准确移取10 $\mu g \cdot mL^{-1}$铁标准溶液2.5 mL于比色管中，加入10% $NH_2OH \cdot HCl$溶液0.5 mL，摇匀，加入1 mol·L^{-1} NaAc溶液2.5 mL和0.1%邻二氮杂菲溶液1.5 mL，以水稀释至刻度，在分光光度计上，用1 cm比色皿，以水为参比溶液，用不同的波长从570 nm开始到430 nm为止，每隔10 nm测定一次吸光度(其中从520～500 nm，每隔5 nm测一次)。然后以波长为横坐标，吸光度为纵坐标绘制出吸收曲线，从吸收曲线上确定测定的适宜波长。

(2)邻二氮杂菲-亚铁络合物的显色反应时间及稳定性。准确移取10 $\mu g \cdot mL^{-1}$铁标准溶液2.5 mL于25 mL比色管中，加入0.5 mL 10%的$NH_2OH \cdot HCl$溶液，2.5 mL 1 mol·L^{-1} NaAc溶液和1.5 mL 0.1%的邻二氮杂菲溶液，以水稀释至刻度，立刻在所选择的测定波长下(510 nm)，用1 cm比色皿，以水为参比，测其吸光度。然后放置5 min，10 min，30 min及1 h，2 h，3 h，测定相应的吸光度。以时间比为横坐标，吸光度A为纵坐标绘制$A-t$曲线。从曲线上判断络合物的显色反应时间及稳定性。

(3)显色剂用量试验。取25 mL比色管7个，编号，分别准确移取10 $\mu g \cdot mL^{-1}$铁标准溶液2.5 mL于比色管中，加入0.5 mL 10% $NH_2OH \cdot HCl$溶液，摇匀，再加入2.5 mL 1 mol·L^{-1}NaAc溶液，然后分别加入0.1%邻二氮杂菲溶液0.15 mL，0.3 mL，0.5 mL，0.75 mL，1.0 mL，1.5 mL和2.0 mL，用水稀释至刻度，摇匀。在分光光度计上，用适宜波长(例如510 nm)，1 cm比色皿，以水为参比，测定上述各溶液的吸光度。然后以加入的邻二氮杂菲试剂的体积为横坐标，吸光度为纵坐标，绘制曲线$A \sim V$，从中找出显色剂的最适宜的加入量。

(4)显色酸度的影响。取25 mL比色管7只，编号，分别加入2.5 mL 10 $\mu g \cdot mL^{-1}$铁标准溶液，0.5 mL 10%$NH_2OH \cdot HCl$溶液，0.25 mL 2 mol·L^{-1} HCl溶液，1.5 mL 0.1%邻二氮杂菲溶液，摇匀，再分别加入0 mL，1.0 mL，1.5 mL，2.0 mL，3.0 mL，4.0 mL及5.0 mL的0.4 mol·L^{-1} NaOH溶液，以水稀释到刻度，摇匀。在分光光度计上用适宜之波长(例如510 nm)，1 cm比色皿，以水为参比测定各溶液的吸光度A。然后，先用pH 1～14的广泛pH试纸粗略测量各溶液pH值，再进一步用精密pH试纸或pH计测量各溶液pH值。最后以pH值为横坐标，吸光度为纵坐标，绘制A-pH曲线。从曲线上找出显色反应适宜的pH范围。

根据上面条件试验的结果，拟出邻二氮杂菲分光光度法测定铁的分析步骤并讨论之。

2.铁含量的测定

(1)标准曲线的绘制。取25 mL比色管6只，分别移取(务必准确量取，为什么?)10 $\mu g \cdot mL^{-1}$铁标准溶液1.0 mL，2.0 mL，3.0 mL，4.0 mL和5.0 mL于5只比色管中，另一比色管中不加铁标准溶液(配制空白溶液，作参比)。然后各加0.5 mL 10% $NH_2OH \cdot HCl$溶液，摇匀，再各加2.5 mL 1mol·L^{-1} NaAc溶液及1.5 mL 0.1%邻二氮杂菲，以水稀释至刻度，摇匀。在分光光度计上，用 1 cm 比色皿，在最大吸收波长(510 nm)处，测定各溶液的吸光度。以铁含量($\mu g \cdot mL^{-1}$)为横坐标，吸光度 A 为纵坐标，绘制标准曲线。或以 Origin 作图，求出标准曲线的线性回归方程。

(2)未知液中铁含量的测定。吸取 2.5 mL 未知液代替标准溶液，其他步骤均同上，测定吸光度。由未知液的吸光度在标准曲线上查出 2.5 mL 未知液中的铁含量，然后以每毫升未知液中含铁多少微克表示结果($\mu g \cdot mL^{-1}$)。平行测定 2 次

或将未知液的吸光度代入线性回归方程，求出该吸光度所对应的铁浓度，即可得到未知液中的铁含量。

[说明]

(1)实际工作中，对显色反应，使络合物的吸光度 A 达到最大且恒定所需的时间为显色时间，通常选择络合物的最大吸波长 λ_{max} 为测量波长。显色完全后，随时间的延长，络合物可能由于不稳定而部分分解，一般选其 A 值降低 5%所对应的时间为络合物的稳定时间。

(2)Fe^{2+}-邻二氮杂菲络合物非常稳定，避光条件下可稳定半年。

(3)Origin 软件处理实验数据见本书第五章实验一附件材料。

思 考 题

1. 邻二氮杂菲分光光度法测定铁的适宜条件是什么？
2. Fe^{2+} 离子标准溶液在显色前加盐酸羟胺的目的是什么？
3. 怎样选择本实验中各种测定的参比溶液？

[附]

722S 型分光光度计及其使用方法

分光光度计是利用物质对单色光的选择性吸收来测定物质含量的仪器。这些仪器的型号和结构虽然不同，但工作原理基本相同。

当一束波长一定的单色光通过有色溶液时，一部分光被吸收，一部分光则通过溶液，吸收的程度越大，通过溶液的光就越少。设入射光的强度为 I_0，透过光的强度为 I_t，则 $\frac{I_t}{I_0}$ 称为透光率，以 T 表示，即

$$T=\frac{I_t}{I_0}$$

有色溶液对光的吸收程度用吸光度 A 表示，即

$$A=\lg\frac{I_0}{I_t}$$

吸光度 A 与透光率 T 的关系为

$$A=-\lg T$$

实验证明，溶液对光的吸收程度与溶液浓度、液层厚度及入射光的波长等因素有关。如果保持入射光波长不变，则溶液对光的吸收程度只与溶液的浓度和液层厚度有关，即朗伯-比尔定律(又称为光的吸收定律)。朗伯-比尔(Lambert - Beer)定律的数学表达式为

$$A=\varepsilon bc$$

式中 ε——摩尔吸光系数，$L \cdot mol^{-1} \cdot cm^{-1}$，它与入射光的性质、温度等因素有关；

b——溶液层的厚度，cm；

c——溶液浓度，$mol \cdot L^{-1}$。

当入射光波长一定时，ε 为溶液中有色物质的一个特征常数。由朗伯-比尔定律可知，当液层的厚度 b 一定时，吸光度 A 就只与溶液的浓度 c 成正比，这就是分光光度法测定物质含量的理论基础。

722S 型分光光度计是在可见光谱区（340～1 000 nm）内进行定量比色分析的分光光度计，仪器的结构示意图和外形如图 4－1 所示。

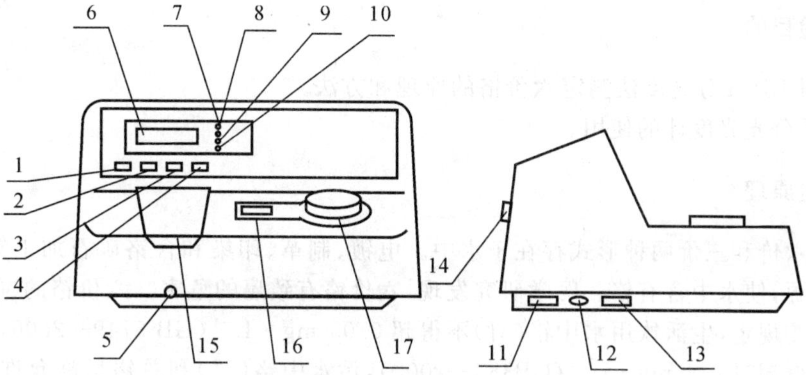

图 4－1　722S 型分光光度计外形图

1—100％T 键；2—0％T 键；3—功能扩展键；4—模式键；5—试样槽架拉杆；6—显示窗；7—透光率指示灯；8—吸光度指示灯；9—浓度因子指示灯；10—浓度直读指示灯；11—电源插座；12—熔丝座；13—开关；14—串行接口；15—样品室；16—波长显示窗；17—波长调节钮

722S 型分光光度计使用方法如下。

(1)接通电源，打开样品室暗箱盖（光路闸刀关闭），使仪器预热 20 min，转动波长调节旋钮，选择波长，其波长可由读数窗口显示。

(2)将盛有参比溶液和待测溶液的比色皿置于暗箱中的比色皿架上，盛放参比溶液的比色皿放在第一格内，待测溶液放在第二个空格内。

(3)调“0％”：样品室暗箱盖打开，此时与盖子联动的光路闸刀被关闭，透光率应为 0。若显示不为 0，则按动“0％T”按键，使显示器显示为“0”。若仍未达到“0”，可继续加按“0％T”按键，直至到达“0”时为止。

(4)调“100％”：将样品室暗箱盖合上，此时与盖子联动的光路闸刀被打开，占据第一格的参比溶液恰好对准光路，使光电管受到透射光的照射，按动“100％T”按键，使透光率为 100。若仍未达到 100，可继续加按一次"100％T”按键，直至达到 100 为止。反复几次调“0”和“100”，即打开样品室暗箱盖，按“0％T”按键，调整“0”；盖上暗箱盖，按“100％T”按键，调整“100”。仪器稳定后即可测量。

(5)测量：按动“模式”键转换到“吸光度”测量模式，此时吸光度指示灯亮，显示窗显示“0”。将比色皿定位装置拉杆轻轻地拉出一格，使第二个比色皿内的待测溶液进入光路，读出溶液的吸光度值。

测量完毕，按“模式”键转换到透光率测量模式，关闭电源，取出比色皿，洗净后倒置放好。

注意事项：

(1)取放比色皿时,应捏住比色皿的两个磨砂面,不应用手指去捏比色皿光面,以免磨损或沾污可透光面,影响测量精度;

(2)比色皿用自来水、去离子水洗净后还需用待测溶液润洗数次,确保注入的待测溶液浓度不变,并用细软而吸水的滤纸将沾附在比色皿外壁的液滴揩干。

实验二十八　水样中六价铬的测定

一、实验目的

(1)学习 DPCI 分光度法测定六价铬的原理和方法。

(2)熟悉分光光度计的使用。

二、实验原理

铬能以六价和三价两种形式存在于水中。电镀、制革、印染和含铬矿石加工等工业废水,均可污染水源,使水中含有铬。医学研究发现,六价铬有致癌的危害。六价铬的毒性比三价铬强 100 倍。按规定,生活饮用水中铬(Ⅵ)不得超 0.05 $mg \cdot L^{-1}$(GB 5749—2006,地面水中铬(Ⅵ)含量不得超过 0.1 $mg \cdot L^{-1}$(GB383—2002),污水中铬(Ⅵ)和总铬最高允许排放量分别为 0.5 $mg \cdot L^{-1}$和 1.5 $mg \cdot L^{-1}$(GB8978—1996)。

测定微量铬的方法很多,常采用分光光度法和原子吸收分光光度法。分光光度法中,选择合适的显色剂,可以测定六价铬。将三价铬氧化为六价铬后,可以测定总铬。

分光光度法测定六价铬,国家标准(GB)采用二苯碳酰二肼(DPCI)分光光度法。DPCI,又名二苯卡巴肼或二苯氨基脲,在酸性条件下,六价铬与 DPCI 反应生成紫红色络合物,可以直接用分光光度法测定,也可以用萃取光度法测定,最大吸收波长为 540 nm,摩尔吸光系数 ε 为 $4.17 \times 10^4\ L \cdot mol^{-1} \cdot cm^{-1}$。

低价汞离子和高价汞离子与 DPCI 试剂作用生成蓝色或蓝紫色化合物而产生干扰。但在所控制的酸度下,反应不甚灵敏。铁的浓度大于 1 mg·L 时,将与试剂生成黄色化合物而引起干扰,可加入 H_3PO_4 与 Fe^{3+} 络合而消除。V(Ⅴ)之干扰与铁相似,与试剂形成的棕黄色化合物很不稳定,颜色会很快褪去(约 20 min),故可不予考虑。少量 Cu^{2+},Ag^{+},Au^{3+} 等在一定程度上干扰。钼与试剂生成紫红色化合物,但灵敏度低,钼低于 100 μg 时不干扰。适量中性盐不干扰。还原性物质干扰测定。

此法适用于地面水和工业废水中 Cr(Ⅵ)的测定。试份体积为 50 mL,使用 3 cm 的比色皿时,其最小检出量为 0.2 μg,最低检出浓度为 0.004 $\mu g \cdot mL^{-1}$。使用 1 cm 比色皿时,测定上限浓度为 1.0 $\mu g \cdot mL_{-1}$。

Cr(Ⅵ)与 DPCI 的显色酸度一般控制在 0.025～0.15 $mol \cdot L^{-1}$ H_2SO_4 介质中,以 0.1 $mol \cdot L^{-1}$ H_2SO_4 介质最佳。显色温度以 15℃最适宜,温度低了显色慢,高了稳定性较差。显色在 2～3 min 内可以完成,络合物在 1.5 h 内稳定。

三、主要试剂和仪器

1.试剂

铬标准贮备溶液 A:液准确称取于 110℃下干燥过的基准 $K_2Cr_2O_7$ 0.283 0 g 于 50 mL 烧

杯中，加水溶解后转移至 1 000 mL 容量瓶中，用水稀释至刻度，摇匀，即每 mL 含 Cr(Ⅵ) 0.100 mg。

铬标准操作溶液 B：用吸量管移取铬贮备液 5.00 mL 于 5 mL 容量瓶中，用水稀释至刻度，摇匀，得到每 mL 含 1.0μgCr(Ⅵ)溶液。临用时新配。

DPCI 溶液：0.5%。称取 0.5 gDPCI，溶于 50 mL 丙酮后，用水稀至 100 mL，摇匀。贮于棕色瓶中，放入冰箱中保存，变色后不能使用。

H_2SO_4 溶液：1+1。

H_3PO_4 溶液：1+1。

乙醇：95%。

2. 仪器

比色管：25 mL，8 支。

吸量管：1 mL，3 支；5 mL，1 支。

分光光度计：1 台。

四、实验内容

1. 标准曲线的制作

在 7 个 25 mL 比色管中，用吸量管分别加入 0 mL，0.25 mL，0.50 mL，1.00 mL，2.00 mL，3.50 mL 和 5.00 mL 的 1.0 $\mu g \cdot mL^{-1}$ 铬标准操作液，随后分别加入 0.25 mL H_2SO_4，0.25 mL H_3PO_4 和 0.4 mL DPCI 溶液，摇匀，用水稀释至刻度，摇匀，静置 5 min。用 1 cm比色皿，以试剂空白为参比溶液，在 540 nm 下测量吸光度。绘制吸光度 A 与铬含量 c ($\mu g \cdot mL^{-1}$)标准曲线。

2. 试样中铬含量的测定

(1)取适量水样于 25 mL 比色管中，依次加入 0.25 mL H_2SO_4，0.25 mL H_3PO_4 和 0.4 mL DPCI 溶液，立即摇匀，用水稀释至刻度，摇匀。放置 5 min，作为试样显色溶液。

(2)取与(1)等量的水样于 25 mL 比色管中，依次加入 0.25 mLH_2SO_4，0.25 mL H_3PO_4 和几滴乙醇，加热. 还原 Cr(Ⅵ)为 Cr(Ⅲ)，继续煮沸数分钟，赶去过量乙醇，冷却后加入 0.4 mL DPCI 溶液，用水稀释至刻度，摇匀，作为参比溶液。

以(2)制得溶液为参比，测量(1)法制得的水样显色溶液的吸光度，由标准曲线查出 Cr(Ⅵ)含量，计算水样中六价铬的含量($mg \cdot L^{-1}$)。

3. 数据处理

在坐标纸上绘制标准曲线、求出水样中铬(Ⅵ)含量。或用 origin 软件计算机处理数据，求出标准曲线的线性回归方程，并计算水样中铬(Ⅵ)含量。

思　考　题

1. 在制作标准系列和水样显色时，加入 DPCI 溶液后，为什么要立即摇匀或边加边摇？
2. 测定水样中铬含量时，为什么要利用“步骤(2)”制作参比溶液？
3. 怎样测定试样中三价铬和六价铬含量？

第五章 综合性和创新性实验

实验一 目视催化动力学法测定钼(Ⅵ)

一、实验目的

(1)了解利用 Landolt 效应测定微量催化剂钼(Ⅵ)的原理和方法。

(2)学习使用 Origin 软件处理实验数据以及绘制工作曲线的方法。

(3)学习标准加入法在样品测定中的应用,掌握回收率的概念。

二、实验原理

钼的用途广泛,在冶金工业中常作为生产各种合金钢的添加剂,以提高金属材料的高温强度、耐磨性和抗腐蚀性。在化学工业中,钼的化合物主要用于润滑剂、催化剂和颜料。钼化合物在农业上也有广泛的用途,钼是固氮酶和硝酸还原酶的组成元素,缺钼会影响根瘤固氮和蛋白质的合成。钼还能促进作物对磷的吸收和无机磷向有机磷的转化,钼在维生素 C 和碳水化合物的生成、运转和转化中也起着重要作用。同时,钼作为生物体内一种重要的微量元素,对生物体的生长、发育和代谢必不可少。随着工农业的发展,钼的应用范围逐渐扩大,其对于人类生存环境和人体健康的影响也引起了人们的关注。因此,研究和建立起测定微量钼的方法就显得尤为重要。

目前,钼的分析方法有重量分析法、滴定分析、原子吸收光谱法、原子发射光谱法、X 射线荧光光谱法、光度分析法以及电化学分析法等。其中以光度法研究最多,应用最为广泛。Mo(Ⅵ)对 $KBrO_3-KI-Na_2S_2O_3$ 体系氧化还原反应有明显的催化作用,据此建立了目视催化动力学法测定钼(Ⅵ)的新方法,所拟方法无须特殊分析仪器,试剂、仪器简便,分析速度快,应用效果良好。

酸性条件下,$KBrO_3$ 和 KI 可发生氧化还原反应:

$$BrO_3^- + 6I^- + 6H^+ = 3I_2 + Br^- + 3H_2O \tag{1}$$

测得其速率方程式为

$$v = k\,c(BrO_3^-)\cdot c(I^-)\cdot c^2(H^+)$$

加入 $Na_2S_2O_3$ 后,产生 Landolt 效应:

$$2S_2O_3^{2-} + I_2 = S_4O_6^{2-} + 2I^- \tag{2}$$

反应(2)的速率要比反应(1)的速率快得多,瞬间完成。故反应(1)生成的 I_2 立即与 $S_2O_3^{2-}$ 作用,生成无色的 $S_4O_6^{2-}$ 和 I^-。若向体系中加入淀粉,则 $Na_2S_2O_3$ 一旦耗尽,反应(1)生成的 I_2 就立即与淀粉指示剂作用,使混合液呈蓝色。因此,从反应开始混合到溶液出现蓝色的时间(称之为诱导时间,用 t 表示),意味着 $Na_2S_2O_3$ 全部耗尽。

钼(Ⅵ)对反应(1)有明显的催化作用,作为催化剂的钼离子浓度 $c(Mo(VI))$ 与诱导时间 t 的倒数 $1/t$ 之间有以下线性关系:

$$\frac{1}{t}=a+b\cdot c(Mo(VI))$$

没有催化剂存在时,反应的诱导时间用 t_0 表示(亦可称之为空白值)。在一定实验条件下,t_0,a 和 b 均为常数。对含钼试样,测得其诱导时间 t 后,代入上式即可求出试样中的 Mo(Ⅵ)含量。

三、主要试剂和仪器

1. 试剂

KI 溶液:0.01 $mol\cdot L^{-1}$。

$KBrO_3$ 溶液:0.04 $mol\cdot L^{-1}$。

$Na_2S_2O_3$ 溶液:0.001 $mol\cdot L^{-1}$。

HCl 溶液:0.1 $mol\cdot L^{-1}$。

淀粉溶液:0.5 $g\cdot L^{-1}$。

Mo(Ⅵ)标准溶液:0.2 $mg\cdot mL^{-1}$。称取 0.368 1 g 钼酸铵$[(NH_4)_6Mo_7O_{24}\cdot 4H_2O]$置于 100 mL 的烧杯中,以少量水溶解,移入 1 000 mL 的容量瓶中,用水稀释至刻度,摇匀。

Mo(Ⅵ)合成样:其组成为含 Fe^{3+} 0.03 $mg\cdot mL^{-1}$,Cu^{2+} 0.3 $mg\cdot mL^{-1}$,Co^{2+} 0.2 $mg\cdot mL^{-1}$,Mo(Ⅵ) 0.2 $mg\cdot mL^{-1}$。

2. 仪器

烧杯:100 mL,2 个。

吸量管:1 mL1 支,5 mL2 支,10 mL5 支。

洗耳球:1 个。

大试管:8 支。

秒表:1 个。

搅拌子:1 个。

玻璃搅拌棒:1 根。

计算机:4 台,公用。

电动磁力搅拌器:1 台。

恒温水浴锅:3 台,公用。

四、实验内容

1. 温度的影响

(1)室温下,于一支试管中加入 5.0 mL HCl,5 mL $KBrO_3$,3 mL 蒸馏水和 2 mL 淀粉溶液,摇匀。在另一支试管中加入 5 mL KI 和 5 mL $Na_2S_2O_3$ 溶液,摇匀。把第二支试管中的溶液迅速倒入第一支试管中,同时用玻璃棒搅拌,并启动秒表开始计时,待溶液刚出现蓝色时按停秒表，记录诱导时间 t_0（即空白值）。

(2)室温下，用移液管准确量取 1 mL 0.2 mg · mL^{-1} 的钼(Ⅵ)标准溶液于一支试管中，再向其中加入 5 mL HCl，5 mL $KBrO_3$，2 mL 蒸馏水和 2 mL 淀粉溶液，摇匀。在另一支试管中加入 5 mL KI 和 5 mL $Na_2S_2O_3$ 溶液，摇匀。把第二支试管中的溶液迅速倒入第一支试管中，同时用玻璃棒搅拌，并启动秒表开始计时，待溶液刚出现蓝色时按停秒表，记录诱导时间 t。

(3)分别在比室温高约 5℃，10℃，15℃的恒温水浴锅中重复上述步骤(1)和(2)，测其空白值 t_0 和 0.2 mg Mo(Ⅵ)存在下的诱导时间 t。

将测得数据记录在表 5-1 中，并做体系诱导时间随温度 T(℃) 的变化曲线 $t(t_0)\sim T$，观察温度变化对诱导时间的影响。讨论 $1/t-1/t_0$ 的值随温度的变化趋势，你发现有什么规律？

表 5-1　温度的影响实验试剂用量

编　号			第一组		第二组		第三组		第四组	
			室温		～室温+5℃		～室温+10℃		～室温+15℃	
			1-1	1-2	2-1	2-2	3-1	3-2	4-1	4-2
试剂用量/mL	试管1	Mo(Ⅵ) (0.2 mg · mL^{-1})	0	1	0	1	0	1	0	1
		HCl (0.1 mol · L^{-1})	5	5	5	5	5	5	5	5
		$KBrO_3$ (0.04 mol · L^{-1})	5	5	5	5	5	5	5	5
		H_2O	3	2	3	2	3	2	3	2
		淀粉溶液 (0.5 g · L^{-1})	2	2	2	2	2	2	2	2
	试管2	KI (0.01 mol · L^{-1})	5	5	5	5	5	5	5	5
		$Na_2S_2O_3$ (0.001 mol · L^{-1})	5	5	5	5	5	5	5	5
Mo(Ⅵ)浓度/(μg · mL^{-1})										
诱导时间/s			$t_0=$	$t=$	$t_0=$	$t=$	$t_0=$	$t=$	$t_0=$	$t=$
$\frac{1}{t}-\frac{1}{t_0}$										

2. 钼工作曲线的绘制

取两个 100 mL 的烧杯，用移液管准确量取 a mL 的钼标准溶液于 1 号烧杯中，再向其中加入 10 mL HCl，10 mL $KBrO_3$ 和$(8-a)$ mL 蒸馏水，并加入 2 mL 淀粉溶液，置于搅拌器上，搅匀。量取 10 mL KI 和 10 mL $Na_2S_2O_3$ 于 2 号烧杯中，摇匀。在搅拌下将 2 号烧杯溶液迅速倒入 1 号烧杯中，同时开启秒表。待溶液刚出现蓝色时按停秒表，记录诱导时间 t，钼工作曲线实验试剂用量见表 5-2（a 依次为 0 mL，0.5 mL，1 mL，2 mL，4 mL）。

用 Origin 软件以 $1/t$（单位：s^{-1}）对钼离子浓度 c(Mo(Ⅵ)(单位：μg · mL^{-1})作图，绘制钼工作曲线并求其线性回归方程。

表 5－2　钼工作曲线实验试剂用量

温度：________℃

编　号			1	2	3	4	5
试剂用量/mL	1号杯	Mo(Ⅵ)(0.2 mg·mL^{-1})	0	0.5	1	2	4
		HCl (0.1 mol·L^{-1})	10	10	10	10	10
		$KBrO_3$(0.04 mol·L^{-1})	10	10	10	10	10
		H_2O	8	7.5	7	6	4
		淀粉溶液 (0.5g·L^{-1})	2	2	2	2	2
	2号杯	KI (0.01 mol·L^{-1})	10	10	10	10	10
		$Na_2S_2O_3$(0.001 mol·L^{-1})	10	10	10	10	10
Mo(Ⅵ)浓度/(μg·mL^{-1})							
诱导时间 t/s							
$\frac{1}{t}$/(s^{-1})							

3. 样品测定

(1)自来水中钼含量的测定：用移液管准确量取 5 mL 自来水水样于 1 号烧杯中，再向其中加入 10 mL HCl，10 mL $KBrO_3$ 和 3 mL 蒸馏水，并加入 2 mL 淀粉溶液，置于搅拌器上，搅匀。量取 10 mL KI 和 10 mL $Na_2S_2O_3$ 于 2 号烧杯，摇匀。在搅拌下将 2 号烧杯溶液迅速倒入 1 号烧杯中，同时开启秒表。待溶液刚显蓝色时按停秒表，记录诱导时间 t。同时用标准加入法加入 0.5 mL 0.2 mg·mL^{-1} Mo(Ⅵ)标准溶液作加标回收实验。平行测定 3 次，将所测的 t 值分别带入钼线性回归方程中，求出自来水中的钼含量和加标回收率。

(2)合成样中钼含量的测定：用移液管准确量取 1 mL 合成样于 1 号烧杯中，再向其中加入 10 mL HCl，10 mL $KBrO_3$ 和 7 mL 蒸馏水，并加入 2 mL 淀粉溶液，置于搅拌器上，搅匀。量取 10 mL KI 和 10 mL $Na_2S_2O_3$ 于 2 号烧杯，摇匀。在搅拌下将 2 号烧杯溶液迅速倒入 1 号烧杯中，同时开启秒表。待溶液刚显蓝色时按停秒表，记录诱导时间 t。平行测定 3 次，将所测的 t 值分别带入钼线性回归方程中，求出合成样中钼含量。

[说明]

(1)温度升高，反应速率加快，故诱导时间减小。随着温度的升高，$\frac{1}{t}-\frac{1}{t_0}$ 的值随温度的升高而增大，表明测定的灵敏度提高。但温度过高，对碘与淀粉的显色反应不利，且在Mo(Ⅵ)浓度较大情况下会出现诱导时间太短而使目视法测量误差较大的现象。而温度过低，反应又相对耗时。结合灵敏度、诱导时间、测量准确度以及测量的线性范围综合考虑，适宜温度为 10～40℃。

(2)若实验中没有温度调控装置，可以就简选择室温下测定钼，绘制钼工作曲线。25℃时，钼工作曲线的线性范围为 0～52 μg/mL，即诱导时间的倒数 $1/t$ 和钼离子浓度在 0～52 μg/mL范围内呈线性关系。而 35℃时，钼工作曲线的线性范围为 0～32 μg/mL。因此，本实验中绘制的钼工作曲线仅为实际钼工作曲线的一部分。

(3)合成样必须保证要和钼工作曲线实验在同一温度下测定。实际样品测定中，一般平行测定 3～6 次。因为实验课时间限制，这里选择平行测定 3 次。

思考题

1. 实验中，为什么必须控制反应温度？如何确定体系的适宜反应温度？

2. 诱导时间的测量误差主要由哪些因素引起？如何减小测量误差？

3. 该实验中，$Na_2S_2O_3$ 也称为诱导剂。硫脲、盐酸羟胺、抗坏血酸(即维生素 C)等也可将 I_2 还原为 I^-，它们能否替代 $Na_2S_2O_3$ 作为本实验的诱导剂？请自己设计实验方案进行试验探究。

[附]

用 Origin 软件绘制钼工作曲线的方法

一、Origin 软件简介

Origin 是美国 OriginLab 公司开发的图形可视化和数据分析软件，是科研人员和工程师常用的高级数据分析和制图工具。由于其简单易学、操作灵活、功能强大，既可以满足一般用户的制图需要，也可以满足高级用户数据分析、函数拟合的需要，是国际流行的分析软件之一。

Origin 具有两大主要功能：数据分析和绘图。Origin 的数据分析主要包括统计、信号处理、图像处理、峰值分析和曲线拟合等各种完善的数学分析功能。准备好数据后，进行数据分析时，只需选择所要分析的数据，然后再选择相应的菜单命令即可。Origin 的绘图是基于模板的，Origin 本身提供了几十种二维和三维绘图模板而且允许用户自己定制模板。绘图时，只要选择所需要的模板就行。用户可以自定义数学函数、图形样式和绘图模板；可以和各种数据库软件、办公软件、图像处理软件等方便地连接。Origin 可以导入包括 ASCⅡ，Excel，pClamp 在内的多种数据。另外，它可以把 Origin 图形输出到多种格式的图像文件，譬如 JPEG，GIF，EPS，TIFF 等。使用 Origin 就像使用 Excel 和 Word 那样简单，只需点击鼠标，选择菜单命令就可以完成大部分工作，获得满意的结果。像 Excel 和 Word 一样，Origin 是个多文档界面应用程序，它将所有工作都保存在 Project(*.OPJ)文件中。

在化学实验数据处理中，手工作图虽然直接，但随意性较大，且误差大小也因人而异，处理起来很繁琐。同一组数据不同的操作者处理，得到的结果很可能是不同的；即使同一个操作者在不同时间处理，结果也不会完全一致。而计算机数据处理软件，如 Microsoft Excel 和 Origin 等的应用，提高了数据处理效率和准确性。

化学实验数据处理过程一般为：对实验数据作图或对数据经过计算后作图，或作数据点的拟合线。Origin 软件具有强大的线性回归和曲线拟合功能，其中最具有代表性的是线性回归和非线性最小平方拟合，提供了20多个曲线拟合的数学表达式，能满足科技工作中的曲线拟合要求。此外，Origin软件还能方便地实现用户自定义拟合函数，以满足特殊要求，在化学实验数据处理过程中能简化数据处理难度。用Origin软件处理实验的数据，只要方法选择合适，则得到的结果更为准确。

二、Origin软件的一般用法

1. 数据作图

Origin可绘制散点图、点线图、柱形图、条形图或饼图以及双Y轴图形等，在化学实验中通常使用散点图或点线图。

Origin有如下基本功能：①输入数据并作图，②将数据计算后作图，③数据排序，④选择需要的数据范围作图，⑤数据点屏蔽。

2. 线性拟合

当绘出散点图或点线图后，选择Analysis菜单中的Fit Linear或Tool即可对图形进行线性拟合。结果记录中显示拟合直线的公式、斜率和截距的值及其误差，相关系数和标准偏差等数据。在线性拟合时，可屏蔽某些偏差较大的数据点，以降低拟合直线的偏差。

3. 非线性曲线拟合

Origin提供了多种非线性曲线拟合方式：①在Analysis菜单中提供了多项式拟合、指数衰减拟合、指数增长拟合、s形拟合、Gaussian拟合、Lorentzian拟合和多峰拟合等拟合函数；在Tool菜单中提供了多项式拟合和s形拟合；② 在Analysis菜单中的Non-linear Curve Fit选项提供了许多拟合函数的公式和图形；③ Analysis菜单中的Non-linear Curve Fit选项可让用户自定义函数。

在处理实验数据时，可根据数据图形的形状和趋势选择合适的函数和参数，以达到最佳拟合效果。多项式拟合适用于多种曲线，且方便易行，操作方法如下：

（1）对数据作散点图或点线图。

（2）选择Analysis菜单中的Fit Polynomial或Tool菜单中的Polynomial Fit，打开多项式拟合对话框，设定多项式的级数、拟合曲线的点数、拟合曲线中X的范围。

（3）点击OK或Fit即可完成多项式拟合。

现在简单说明如何用Origin 8.0软件绘制钼工作曲线：

（1）鼠标左键双击桌面Origin 8.0图标

，打开Origin软件，出现如图5-1所示界面。

（2）将横坐标、纵坐标名称和单位以及某温度下的实验数据输入图5-2的表中。

（3）如图5-3所示，压住鼠标左键选定表中的实验数据，再用鼠标左键单击散点绘制图标（或在菜单栏中选择绘图菜单Plot→Symbol→Scatter，鼠标左键单击Scatter即可），绘出散点图（见图5-4）。

（4）选择Analysis菜单中的Fit Linear，弹出一个对话框，鼠标左键点击对话框最下面的

即可对图形进行线性拟合（见图5-5）。

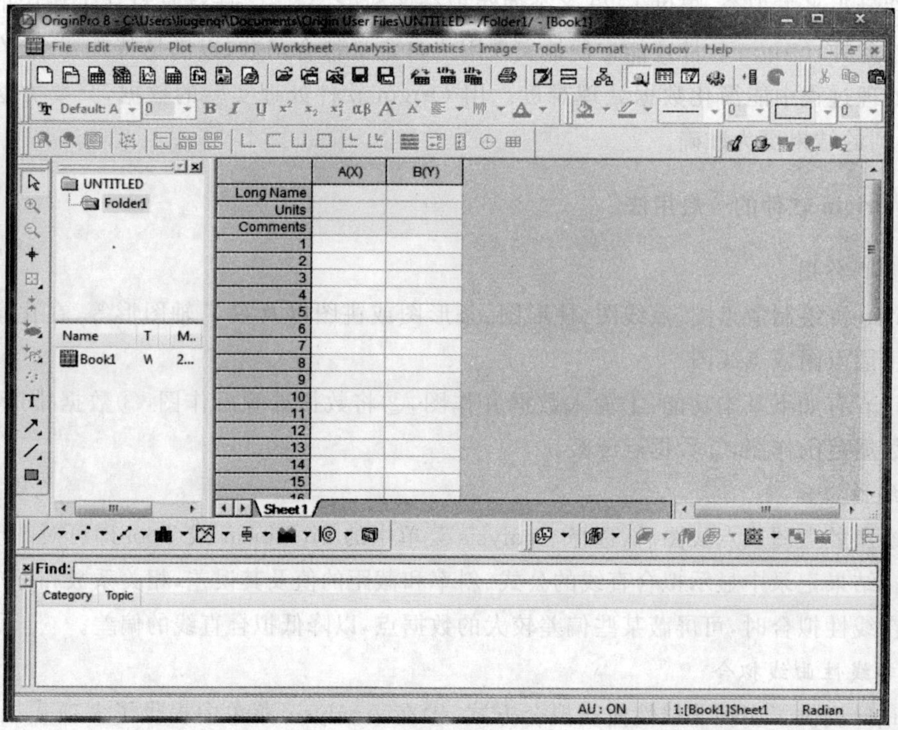

图 5－1 初始界面

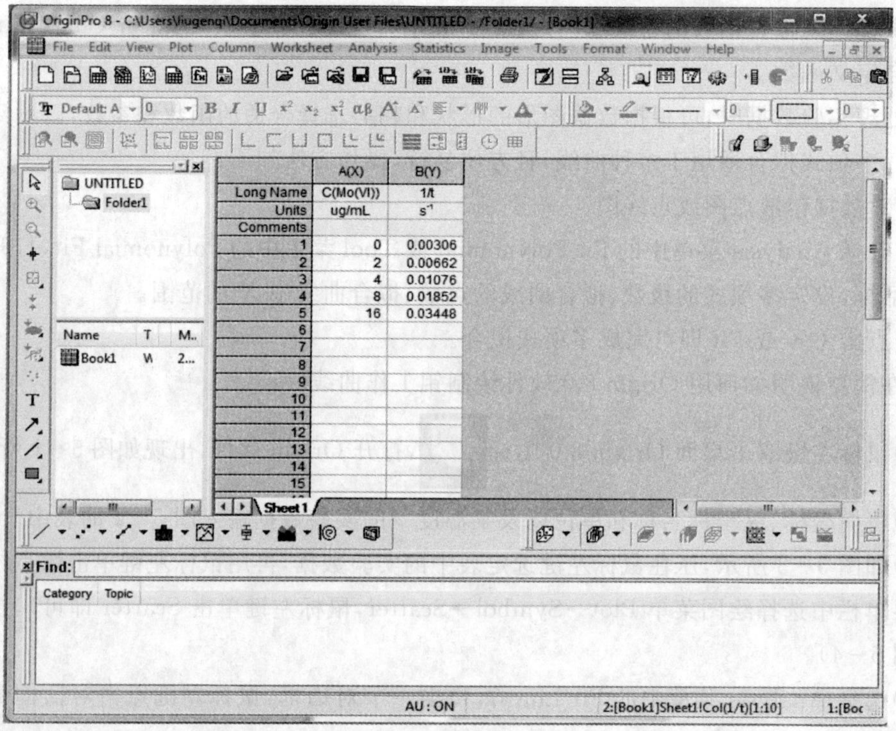

图 5－2 数据录入

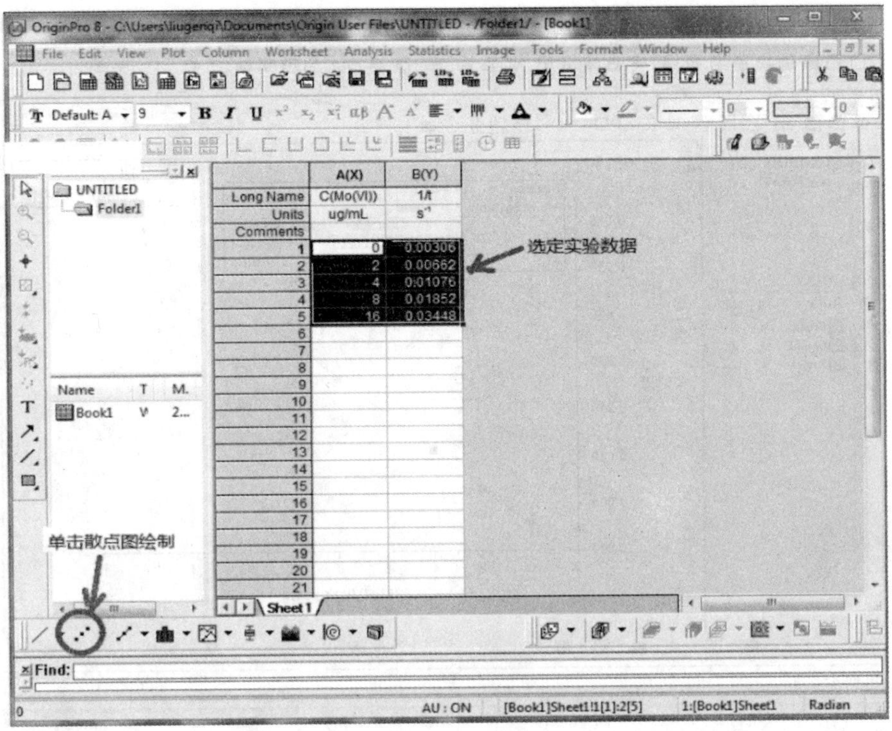

图 5-3　选定实验数据

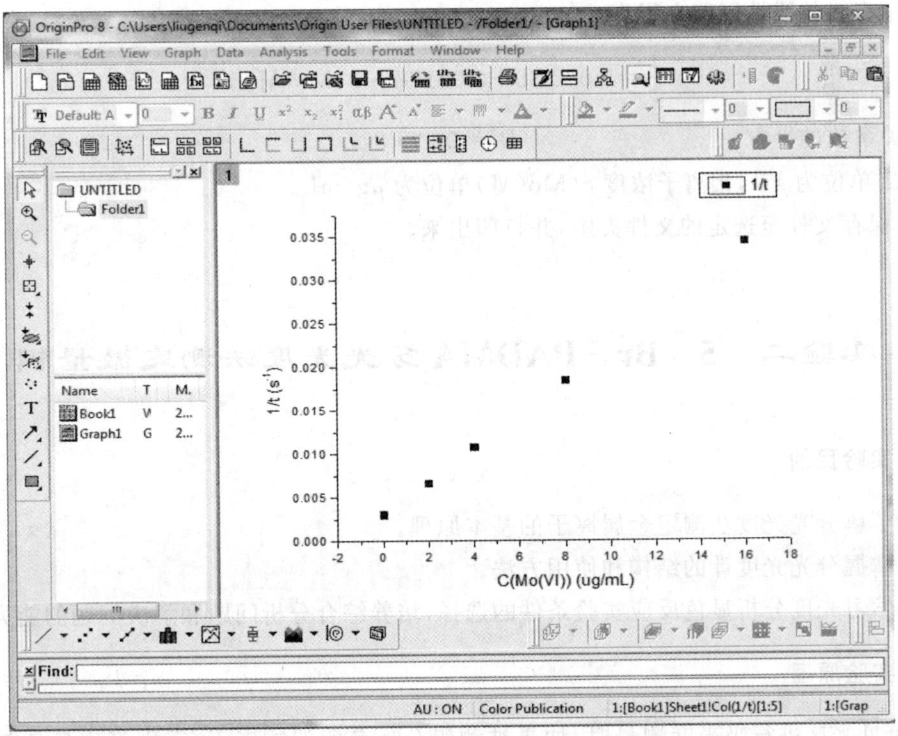

图 5-4　散点图绘制

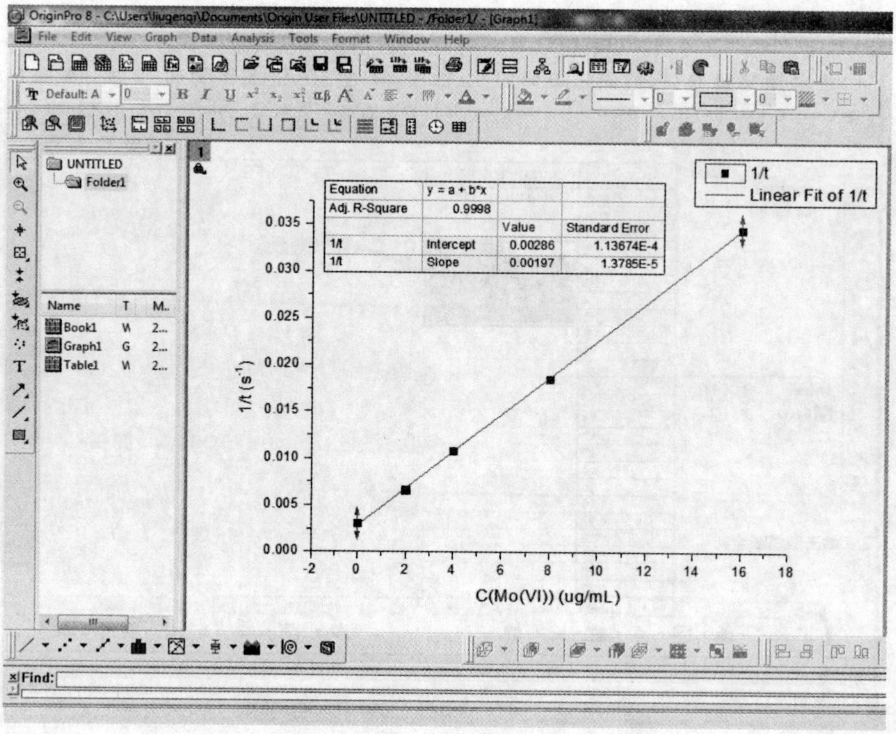

图 5-5　线性拟合

图中直线的线性回归方程为

$$\frac{1}{t}=0.002\ 86+0.001\ 97\cdot c(\mathrm{Mo}(\mathrm{VI}))$$

相关系数的平方　　　　　　　$R^2=0.999\ 8$

式中，$1/t$ 单位为 s^{-1}，钼离子浓度 $c(\mathrm{Mo}(\mathrm{VI}))$ 单位为 μg/mL。

(5)保存文件至选定的文件夹中，并打印出来。

实验二　5-Br-PADMA 分光光度法测定微量铜

一、实验目的

(1)了解分光光度法测定金属离子的基本原理。

(2)掌握分光光度计的结构和使用方法。

(3)学习光度分析显色反应实验条件的选择，培养综合分析问题和解决问题的能力。

二、实验原理

在可见光区进行吸光度测量时，如果被测组分颜色很浅或者无色，则可用显色剂与其反应，生成有色化合物，然后进行测量，这是分光光度法测定无机离子的最常用方法。显色反应能否完全满足分析的要求，除了与显色剂本身的性质有关外，控制好显色反应的条件也十分重要。影响显色反应的主要因素有溶液酸度、显色剂用量、显色时间、配合物的稳定性、反应温度、溶剂和干扰物质等，需要通过实验来确定显色反应的最佳条件，以保证分析结果的准确度。条件实验的一般方法是，变动某一实验条件，固定其余条件，测得一系列的吸光度值，绘制吸光度对某一实验条件的曲线，根据曲线确定该实验条件的适宜值。

杂环偶氮类试剂与金属离子的显色反应具有较高的灵敏度和选择性，将其用于光度法测定微量金属离子的含量得到了广泛的应用。2-(5-溴-2-吡啶偶氮)-5-二甲氨基苯胺(简称5-Br-PADMA)作为一种灵敏的吡啶偶氮类显色剂，是测定铜的高灵敏度显色剂之一。在弱酸性介质中，室温下铜与5-Br-PADMA瞬间反应，形成配位比为1∶2的紫红色配合物，其最大吸收波长位于573 nm，表观摩尔吸光系数为5.89×10^{4} L·mol^{-1}·cm^{-1}。铜浓度在0～18 μg/10 mL范围内符合比耳定律。5-Br-PADMA及其铜配合物的吸收光谱如图5-6所示。

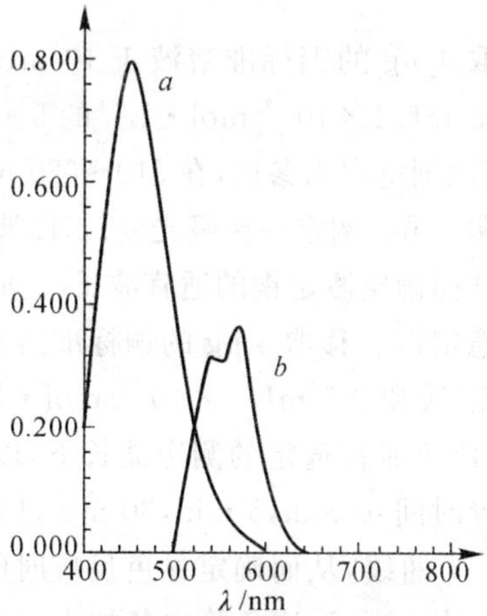

图5-6　吸收光谱

a—5-Br-PADMA对水；*b*—Cu^{2+}-5-Br-PADMA配合物对试剂空白

Fe^{3+}、Ni^{2+}、Co^{2+}、Pd^{2+}、Pt^{4+}、Rh^{3+}等亦可与试剂发生显色反应，产生干扰。共存时，Al^{3+}、Fe^{3+}的干扰可用NaF消除；Ni^{2+}的干扰可用酒石酸钾钠消除；Co^{2+}的干扰可通过硫脲掩蔽铜后，利用差减法消除。Pd^{2+}的干扰可利用Cu^{2+}配合物可以被EDTA分解，而Pd^{2+}配合物不被分解的特性，通过差减法消除。方法具有灵敏度高、选择性好、操作简便优点，可以用于合金和矿样中铜的测定。

三、主要试剂和仪器

1. 试剂

铜标准溶液：称取金属铜(99.99%)按常规方法配制成1 mg/mL Cu标准贮备液，用时用水稀释至10 μg/mL和4 μg/mL(6.29×10^{-5} mol·L^{-1})。

5-Br-PADMA乙醇溶液：1×10^{-3} mol·L^{-1}和6.29×10^{-5} mol·L^{-1}。

HAc-NaAc缓冲溶液：pH分别为3.0,3.5,4.0,4.5,5.0,5.5,6.0,6.5。首先配制浓度均为0.25 mol·L^{-1}的HAc和NaAc溶液，将两者以不同比例混合，用酸度计测量并调节溶液pH

至各所需值。

含铜未知液。

二次蒸馏水。

2. 仪器

722s 型分光光度计。

pHs－3C 型酸度计。

10 mL 比色管 16 支。

1 mL 移液管 2 支。

5 mL 移液管 1 支。

250 mL 烧杯 1 个。

四、实验步骤

1. 条件实验

(1)吸收曲线的绘制。移取 4 μg 的铜标准溶液于 10 mL 比色管中，加入 2 mL pH＝4.5 的 HAc－NaAc 缓冲溶液和 0.5 mL 1×10^{-3} mol·L^{-1}的 5－Br－PADMA 溶液，用水稀释至刻度，摇匀。用 1 cm 比色皿，以试剂空白为参比，在 510～620 nm 范围内每隔 10 nm 测量一次吸光度(其中，在 560～590 nm 每隔 5 nm 测定一次吸光度)。以波长 λ 为横坐标、吸光度 A 为纵坐标绘制吸收曲线($A-\lambda$ 曲线)，从而确定测定铜的适宜波长(一般选用最大吸收波长 λ_{max})。

(2)显色速度及配合物的稳定性。移取 4 μg 的铜标准溶液于 10 mL 比色管中，加入 2 mL pH＝4.5 的 HAc－NaAc 缓冲溶液和 0.5 mL 1×10^{-3} mol·L^{-1}的 5－Br－PADMA 溶液，用水稀释至刻度，摇匀。用 1 cm 比色皿在选定的测定波长下，以试剂空白为参比，分别在不同时间测量溶液的吸光度，溶液放置时间：0 min，5 min，30 min，1 h，2 h，3 h，4 h。以时间 t 为横坐标、吸光度 A 为纵坐标绘制 $A-t$ 曲线，从而确定显色反应时间，并考察配合物的稳定性。

(3)溶液酸度的影响。在 8 支 10 mL 比色管中各加入 4 μg 的铜标准溶液，然后分别加入 2 mL pH 分别为 3.0，3.5，4.0，4.5，5.0，5.5，6.0，6.5 的 HAc－NaAc 缓冲溶液，再各加入 0.5 mL 1×10^{-3} mol·L^{-1}的 5－Br－PADMA 溶液，用水稀释至刻度，摇匀。用 1 cm 比色皿在选定的测定波长下，以各自相应的试剂空白为参比，测其吸光度。以 pH 为横坐标、吸光度 A 为纵坐标，绘制 A－pH 曲线，从而确定适宜的 pH 范围。

(4)显色剂用量的影响。在 8 支 10 mL 比色管中分别加入 4 μg 的铜标准溶液、2 mL pH＝4.5的 HAc－NaAc 缓冲溶液，再各加入 0.1 mL，0.2 mL，0.5 mL，1.0 mL，1.5 mL 1×10^{-3} mol·L^{-1} 5－Br－PADMA 溶液，用水稀释至刻度，摇匀。用 1 cm 比色皿在选定的测定波长下，以各自相应的试剂空白为参比，测其吸光度。以显色剂用量 V_R 为横坐标、吸光度 A 为纵坐标，绘制 $A\sim V_R$ 曲线，从而确定 5－Br－PADMA 的适宜用量。

(5)配合物的组成——摩尔比法。在 8 支 10 mL 比色管中各加入 4 μg 的铜标准溶液、2 mL pH＝4.5 的 HAc－NaAc 缓冲溶液，再分别加入 0 mL，0.5 mL，1.0 mL，1.5 mL，2.0 mL，2.5 mL，3.0 mL，3.5mL 6.29×10^{-5} mol·L^{-1}的 5－Br－PADMA 溶液，用水稀释至刻度，摇匀。用 1 cm 比色皿在选定的测定波长下，以各自相应的试剂空白为参比，测其吸光度。以显色剂和铜的物质的量之比 n_R/n_{Cu}为横坐标、吸光度 A 为纵坐标，绘制曲线，根据曲线上前后两部分延长线的交点位置确定配合物中 Cu^{2+} 与 5－Br－PADMA 的配位比。

(6)标准曲线的绘制。在6支10 mL比色管中各加入0 μg,2 μg,4 μg,8 μg,12 μg,18 μg的铜标准溶液、2 mL pH=4.5的HAc-NaAc缓冲溶液和0.5 mL 1×10^{-3} mol/L 5-Br-PADMA溶液,用水稀释至刻度,摇匀。用1 cm比色皿在选定的测定波长下,以试剂空白为参比,测各溶液吸光度。以Cu^{2+}浓度c为横坐标,吸光度A为纵坐标,绘制标准曲线(即$A-c$曲线),并求其线性回归方程。

2. 未知液中铜的测定

用移液管准确移取1 mL试液(含铜约5 μg)置于10 mL比色管中,按实验方法进行测定。根据标准曲线或线性回归方程,计算未知液中的铜含量(μg/mL)。

[说明]

5-Br-PADMA结构式为

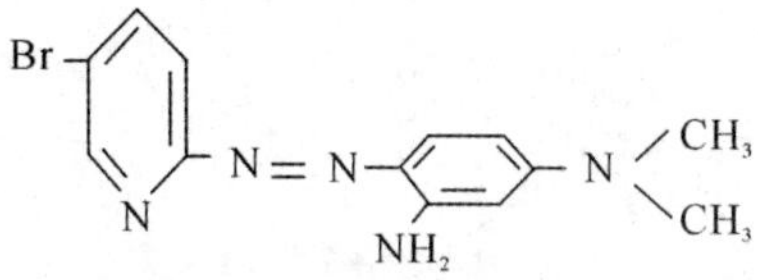

思考题

1. 实验中0.25 mol·L^{-1} pH=4.5的HAc-NaAc溶液该如何配制?
2. 配合物的组成测定一般有哪几种方法?请简单阐述。

实验三 水样中甲醛含量的测定

一、实验目的

(1)了解水样中甲醛含量测定的原理和方法。

(2)了解水样保存的基本方法。

二、实验原理

甲醛(化学式HCHO,相对分子质量30.03)为无色、有刺激气味气体,易溶于水和乙醇。35%~40%的甲醛水溶液俗称福尔马林(Formalin),是有刺激气味的无色液体,具有防腐杀菌性能,可用来浸制生物标本,给种子消毒等,但是由于使蛋白质变性的原因易使标本变脆。甲醛有强还原作用,易与多种物质结合。甲醛自身能缓慢进行缩合反应,特别容易发生聚合反应,一般商品中,都加入10%~12%的甲醇作为阻聚剂。甲醛对人体皮肤和黏膜有刺激作用,甲醛在室内达到一定浓度时,人就有不适感。大于0.08 mg/m^2的甲醛浓度可引起眼红、眼痒、咽喉不适或疼痛、声音嘶哑、胸闷、气喘、皮炎等。进入人体后易对人中枢神经系统及视网膜造成损害。

甲醛的主要污染来源是有机合成、化工、合成纤维、染料、木材加工及制漆行业排放的废水。此外,新装修的房间甲醛含量较高,是众多疾病的主要诱因。含甲醛的废水排入水体后,能消耗水体中的溶解氧,影响水的自净能力。

水中甲醛的测定可采用乙酰丙酮法,该方法的原理是在过量铵盐存在下,甲醛与乙酰丙酮生成黄色化合物，该有色化合物在波长 414 mm 处有最大吸收。显色条件下表观摩尔吸光系数为 $7.2\times10^{3}\ L\cdot mol^{-1}\cdot cm^{-1}$。显色物质在 3 h 内，吸光度基本不变。化学反应式为

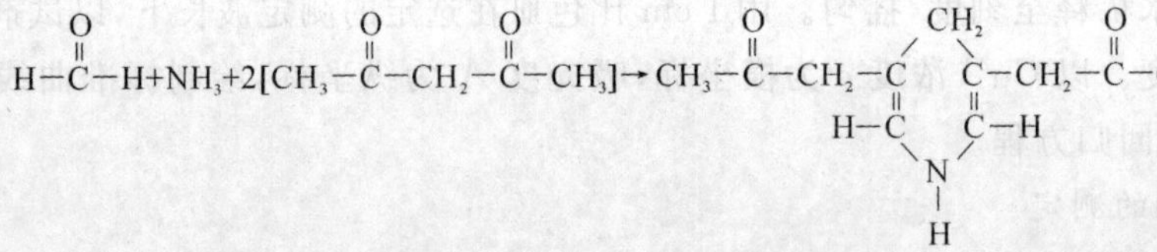

在测定条件下，水样中含有 5 mg/L 的丙醛、丁醛、丙烯醛无干扰。乙醛在 4 mg/L 以内无干扰。此外，当甲醛为 20 mg/L，苯酚为 50 mg/L，游离氰为 1 mg/L 时未见干扰。

本方法的最低检出浓度为 0.05 mg/L 甲醛，测定上限为 3.20 mg/L 甲醛。

三、主要试剂与仪器

1. 试剂

KI：分析纯。

NaOH 溶液：4%（m/V）。

H_2SO_4 溶液：1＋5。

H_2SO_4 溶液：3%。

碘标准溶液：$c_{\frac{1}{2}I_2}=0.05\ mol\cdot L^{-1}$。称取 5 gKI，溶于少量蒸馏水，加入 1.59 gI_2，溶解后稀释至 250 mL。

$K_2Cr_2O_7$ 溶液：$c_{\frac{1}{6}K_2Cr_2O_7}=0.050\ 0\ mol\cdot L^{-1}$。准确称取经 105～110℃ 烘干 2 h 的 $K_2Cr_2O_7$ 0.612 9 g 于烧杯中，用水溶解后转移入 250 mL 容量瓶中，稀释至刻度，摇匀。

淀粉溶液：1%。

$Na_2S_2O_3$ 溶液：$0.05\ mol\cdot L^{-1}$。称取 12.5 $gNa_2S_2O_3\cdot5H_2O$ 溶于 500 mL 煮沸并放冷的水中，加入 0.1 gNa_2CO_3，稀释至 1 L，贮于棕色瓶内，放置 3～5 天后标定。

乙酰丙酮溶液：将 50 g 乙酸铵，6 mL 冰乙酸及 0.5 mL 乙酰丙酮试剂溶解于 100 mL 水中。此溶液放置冰箱内可稳定一个月。

甲醛标准贮备溶液：吸取 0.7 mL 甲醛溶液（内含甲醛 36～38%），用水稀释至 250 mL，此溶液每毫升约含甲醛 1 mg。

甲醛标准溶液：用水将一定量的甲醛标准贮备溶液逐级稀释成每毫升含甲醛 10.0 μg 的标准溶液。临用时配制。

2. 仪器

比色管：10 mL，8 支。

移液管：1 mL，1 支；5 mL，2 支；10 mL，1 支；20 mL，1 支；25 mL，1 支。

量筒：10 mL，4 个；50 mL，1 个。

碘量瓶：250 mL，3 个。

碱式滴定管：1 支。

恒温水溶解：若干台，公用。

分光光度计：1 台。

温度计：0～100℃。

四、实验步骤

1. $Na_2S_2O_3$ 溶液的标定

于 250 mL 碘量瓶内，加入约 1 g 碘化钾及 50 mL 水，加入 0.050 0 mol/L 重铬酸钾标准溶液 20.00 mL、(1+5)硫酸溶液 5 mL。混匀，盖上塞子并水封，于暗处放置 5 min。用硫化硫酸钠溶液滴定，待滴至溶液呈淡黄色时，加入淀粉溶液 1 mL。继续滴定至蓝色刚好褪去，溶液呈现浅绿色即为终点，平行测定 3 次，记录用量，计算硫代硫酸钠的浓度。

2. 甲醛溶液的标定

吸取甲醛贮备溶液 10.00 mL 于 250 mL 碘量瓶中，加入 0.05 mol/L 碘液 25 mL，4%氢氧化钠溶液 7.5 mL，加塞，混匀放置 15 min。加 3%硫酸 10 mL。混匀，再放置 15 min。以硫代硫酸钠溶液滴定至溶液呈淡黄色时，加淀粉溶液 1 mL，继续滴定至蓝色刚好褪去，即为终点，平行测定 3 次。同时用 10.00 mL 水代替甲醛溶液，以相同步骤做空白试验，按下式计算甲醛的浓度，即

$$\text{甲醛浓度(mg/L)}=\frac{(V_1-V_2)\times c\times 15\times 1\,000}{20.00}$$

式中 V_1——空白消耗硫代硫酸钠溶液体积(mL)；

V_2——标定甲醛消耗硫代硫酸钠溶液体积(mL)；

c ——硫代硫酸钠溶液的摩尔浓度；

15——甲醛$\left(\frac{1}{2}\text{HCHO}\right)$摩尔质量。

3. 水样预处理

对无色、不浑浊的清洁地面水调至中性后，可直接测定。

受污染的地面水和工业废水需按下述方法进行蒸馏：取 100 mL 水样于蒸馏瓶内，另外补加约 15 mL 水，加 3～5 mL 浓硫酸及数粒玻璃珠，加热蒸馏。以 100 mL 容量瓶收集馏出液，加热。待蒸出约 95 mL 的馏出液时，调节加热温度，直到馏出液接近 100 mL 刻度时取下容量瓶，并用水将馏出液补足到 100 mL，摇匀后备用。

4. 标准曲线的绘制

取 7 支 10 mL 比色管，分别加入 0，0.1 mL，0.2 mL，0.4 mL，1.2 mL，2.0 mL，3.0 mL 甲醛标准溶液，加入 1.0 mL 乙酰丙酮溶液，稀释至刻度，混匀。于 45～60℃水溶液中加热 30 min，取出冷却。

于波长 414 nm 处，以水为参比，用 1 cm 比色皿测量吸光度。以吸光度对甲醛含量(μg/mL)作图，绘制标准曲线，并求其线性回归方程。

5. 水样测定

取 5.00 mL 水样或馏出液于 10 mL 比色管中(必要时，可酌情少取，用水稀释至刻度)。以下按绘制标准曲线的操作步骤进行显色并测量吸光度。根据线性回归方程求出水样中甲醛含量。平行测定 3 次。

[说明]

(1)乙酰丙酮的纯度对空白试验吸光度有影响。乙酰丙酮应当无色透明，必要时需进行蒸馏精制。

(2)水样可用玻璃瓶或聚乙烯瓶采集。为抑制甲醛的分解，采样后于每 500 mL 水样中加入 1 mL 浓硫酸酸化，并应在 24 h 内测量。

对某些不适于在酸性条件下蒸馏的特殊水样，如染料、制漆废水或含氰较高的废水等，可改加 4%氢氧化钠溶液将水样调至弱碱性(pH 值 8 左右)，再进行蒸馏。

思考题

1. 试述碘量法测定甲醛含量的基本原理。

2. 查阅文献，除乙酰丙酮法外，还有什么方法可以测定甲醛含量？试比较各方法的优缺点。

实验四　菠菜叶中叶绿体色素的提取和薄层色谱分离

一、实验目的

(1)了解从植物叶片中提取叶绿素的方法。

(2)了解薄层色谱的方法原理，掌握薄层色谱的一般操作和定性鉴定方法。

二、实验原理

1. 叶绿素提取

高等植物体内的叶绿体色素有叶绿素(Chlorophyll)和类胡萝卜素两类。其中，叶绿素主要由叶绿素 a 和叶绿素 b 组成，类胡萝卜素主要由 β-胡萝卜素和叶黄素组成(结构式见图 5-7)。绿叶中的四种色素含量依次是：叶绿素 a＞叶绿素 b＞叶黄素＞胡萝卜素，其中叶绿素 a 与叶绿素 b 的含量之比约为 3∶1，叶黄素与胡萝卜素的含量之比约 2∶1。叶绿素 a 呈蓝绿色，叶绿素 b 呈黄绿色，均为吡咯衍生物与金属镁的配合物，二者分子结构上的差别仅在于第Ⅱ吡咯环上的一个—CH_3 被—CHO 所取代。叶绿素是脂溶性色素，不溶于水，而溶于乙醇、丙酮、乙醚、氯仿和石油醚等有机溶剂中。胡萝卜素是一种橙色天然色素，属于脂溶性的四萜类化合物，为一长链共轭多烯，有 α、β、γ 三种异构体，其中，β 异构体含量最多。叶黄素为一种黄色色素，是胡萝卜素的羟基衍生物，较易溶于乙醇，在乙醚中溶解度较小。根据它们在有机溶剂中的溶解特性，可将它们从植物叶片中提取出来，再通过薄层色谱方法将它们分离开来。

2. 薄层色谱

薄层色谱法是一种分离、鉴定微量组分的常用实验技术，具有设备简单、操作方便、快速的特点。一般将适宜的固定相(吸附剂或载体)均匀地涂布在玻璃板上制成薄层板，将样品溶液点在薄层一端(该点即为原点)，试样中各组分被吸附剂所吸附，吸附剂对不同物质的吸附能力不同。将薄层板点有试样的一端置于层析缸中，用合适的溶剂作流动相(展开剂)。由于固定相吸附剂的毛细作用，流动相沿着固定相薄层上升，遇到试样点，试样溶于流动相并在流动相和固定相之间发生连续、反复的吸附-解吸-再吸附-再解吸的过程，由于不同的物质被吸附剂吸附的能力及被展开剂解吸的能力不同，试样中各组分在薄层上以不同速度移动而得以分离，如图 5-8 所示。

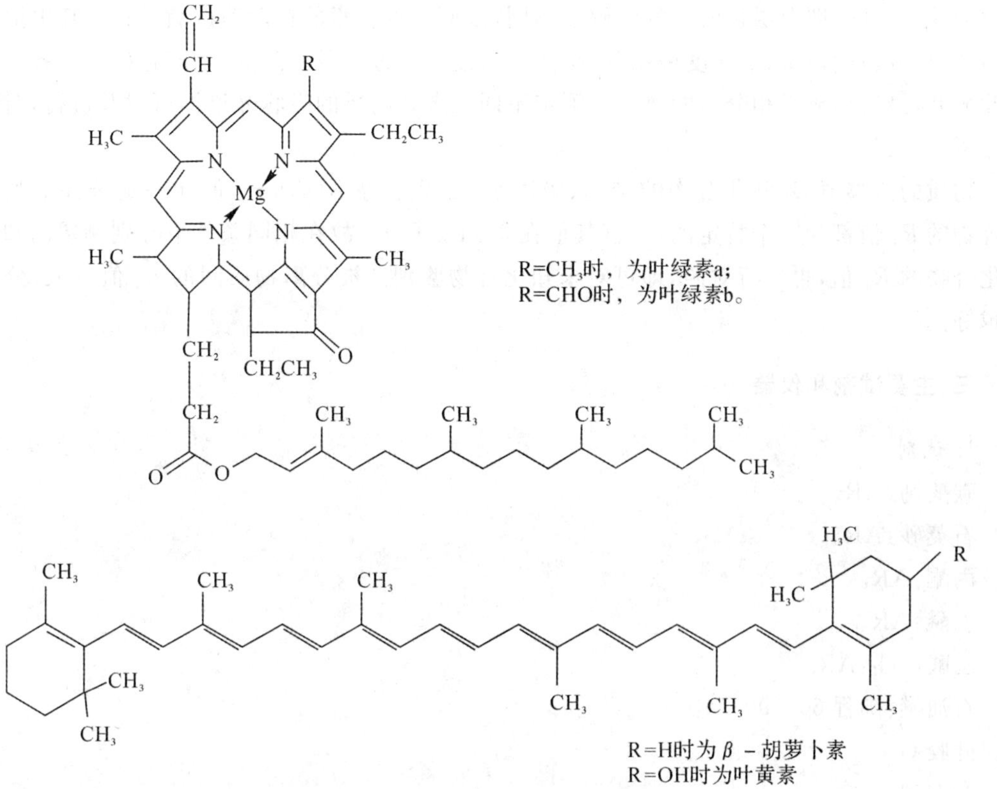

图 5-7　叶绿素 a、叶绿素 b、β-胡萝卜素和叶黄素的结构式

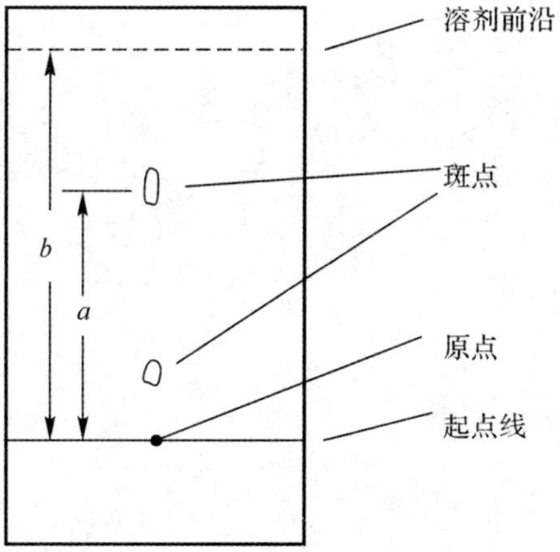

图 5-8　R_f 值计算示意图

通常用比移值(R_f)衡量各组分的分离情况，根据图 5-8 得到

$$R_f=\frac{a}{b}=\frac{\text{色斑最高浓度中心至原点中心的距离}}{\text{展开剂前沿至原点中心的距离}}$$

叶绿体中色素分离的原理主要和 4 种色素在层析液中的溶解度以及与固定相对其吸附能力大小有关。本实验中的层析液是脂溶性很强的有机溶剂，由于 4 种色素的化学组成和结构不同，因此每种色素分子在层析液分子的作用下，克服色素分子之间的相互作用，向层析液中

扩散的速度不同，即在层析液中的溶解度不同，因而 4 种色素的扩散速度就不同。其中溶解度最高的，扩散速度最快；溶解度最低的，扩散得最慢。经过一段时间的展开后，样品中各物质就彼此分开，最后形成互相分离的斑点。测定不同斑点处物质的吸收光谱即可对其进行定性、定量分析。

物质的比移值 R_f 随化合物的结构、吸附剂、展开剂等不同而异，但在一定条件下每一种化合物的 R_f 值都为一个特定的数值(其值在 0～1 之间)。故在相同条件下分别测定已知和未知化合物的 R_f 值，再进行对照，即可对未知化合物鉴别。被分离物质间的 R_f 值越大，分离效果越好。

三、主要试剂和仪器

1. 试剂

碳酸钙：AR。

石英砂：AR。

丙酮：AR。

乙醚：AR。

乙酸乙酯：AR。

石油醚：沸程 60～90℃。

硅胶 G。

2. 仪器

层析缸(槽)。

载玻片：100 mm×25 mm。

烘箱。

干燥器。

电吹风。

毛细管。

量筒。

研钵。

分液漏斗。

长颈漏斗。

玻璃棒。

剪刀。

烧杯。

天平。

玻璃棉。

四、实验内容

1. 制板

将 10 g 硅胶 G 放入研钵中，加入 25 mL 蒸馏水，研磨调成糊状，将其涂在载玻片上，均匀摊开，为使其薄厚均匀，可将载玻片用手端平晃动（或用手托住玻璃板一端，另一端放在桌面上轻振），至平坦为止。将其放在干净平坦的台面上，晾干之后（约 30 min）放入 105℃烘箱活化 1 h，取出放入干燥器内冷却至室温，待用。

2. 叶绿素的提取

取新鲜菠菜叶（或其他植物叶片）依次用自来水和蒸馏水洗净，晾干。称取去梗叶片 3 g，剪碎，置于研钵中，加少量碳酸钙和干净的石英砂及 6 mL 蒸馏水，研成细浆。取 4 mL 细浆置于 25 mL 大试管中，加丙酮 10 mL，搅拌使色素溶解。放置片刻使残渣沉于试管底部，滤去残渣，得到深绿色叶绿素丙酮溶液。

取叶绿素丙酮溶液 6 mL 于 60 mL 分液漏斗中，加入乙醚 3 mL 进行萃取，弃去下层的丙酮溶液，得到叶绿素乙醚提取液。

3. 点样

在距离薄层板一端约 1 cm 处，用铅笔轻轻画一直线。用一根内径 1 mm 的毛细管，吸取适量提取液，在暗处于画线处轻轻点样（毛细管刚接触薄板即可）。

4. 展开

先在层析缸中放入展开剂石油醚-乙酸乙酯（体积比为 1∶1），缸内展开剂的高度不超过 1 cm，加盖使缸内蒸气饱和 10 min。再将薄层板斜靠于层析缸内壁，点样端接触展开剂但样点不能浸没于展开剂中。将层析缸盖好放在暗处，展开 30～40 min，待展开剂上升到距薄层板另一端约 1～2 cm 时，取出平放，用铅笔在前沿线位置做出标记，晾干或用电吹风吹干薄层。记下各色带中心到原点（起始线）的距离和展开剂前沿到原点的距离，计算各组分的 R_f 值。

五、实验数据记录

将实验中所测得的数据填入表 5－3，并计算处理。

表 5－3　薄层色谱分离结果

被分离物名称	叶绿素 a	叶绿素 b	β-胡萝卜素	叶黄素
展开剂前沿到原点中心的距离				
色带中心到原点中心的距离				
R_f 值				

[说明]

(1)制板时要注意使板上硅胶厚度尽量一致。

(2)由于叶绿体色素位于叶绿体的囊体上，要把它提取出来必须破坏叶表皮、细胞壁和细胞膜以及叶绿体的双层膜，所以要剪碎后加入石英砂研磨，以便使色素充分被提取。加入碳酸钙的目的是保护叶绿素，原因是碳酸钙可以中和植物细胞中的酸，调节 pH 值，防止叶绿素被破坏（酸性条件下，叶绿素中的 Mg^{2+} 可被 H^{+} 取代而成为褐色的去镁叶绿素）。

(3)离体的叶绿素很不稳定，光、酸、碱、氧和氧化剂等都会使其破坏。因此，在整个实验过程中，应在中性条件和暗处（或弱光）进行，各操作步骤应在尽可能短的时间内完成。

思考题

1. 在混合物薄层色谱中，如何判定各组分在薄层上的位置？

2. 展开剂的高度若超过了点样线，对薄层色谱分析有何影响？

3. 薄层色谱中，展开剂的选择应满足什么要求？

实验五　混合液中 HCl 和 HAc 的电位滴定

一、实验目的

(1)掌握用电位滴定法测定混合液中 HCl 和 HAc 的原理和方法，观察 pH 滴定突跃与酸碱指示剂变色的关系。

(2)学会绘制电位滴定曲线并由曲线确定终点时的体积，计算含量。

二、实验原理

强酸和弱酸混合液的滴定要比单一组分酸或碱的滴定复杂，因此可采用电位滴定法测定。在滴定过程中，随着滴定剂的不断加入，溶液的 pH 值不断变化。当 NaOH 标准溶液滴入 HCl 与 HAc 的混合液中，HCl 组分首先被中和，达到化学计量点时，即出现第一个“突跃”，此时产物为 NaCl 和 HAc。继续用 NaOH 溶液滴定，HAc 与 NaOH 溶液定量反应，达到化学计量点时，形成第二个“突跃”，滴定产物为 NaAc 和 NaCl。以加入的 NaOH 体积 V 和测得的溶液 pH 值数据绘制 pH－V 滴定曲线，由此曲线分别确定滴定 HCl 和 HAc 的化学计量点及其相对应的 NaOH 标准溶液的体积(mL)，即可算得混合液中 HAc 和 HCl 的含量。

三、主要试剂和仪器

1. 试剂

NaOH 标准溶液：0.2 mol・L^{-1}。(使用前需标定)

甲基橙指示剂：0.1％水溶液。

酚酞指示剂：0.1％的 60％乙醇溶液。

邻苯二甲酸氢钾标准缓冲深液：0.050 mol・L^{-1}，pH＝4.00。

磷酸盐标准缓冲溶液：pH＝6.86。0.025 mol・L^{-1}的 KH_2PO_4 溶液与 0.025 mol・L^{-1}的 Na_2HPO_4 溶液等体积混合而成。配制溶液所用的水应预先煮沸 15～30 min，除去溶解的 CO_2。在冷却过程中应避免与空气接触，以防 CO_2 的污染。

HAc 与 HCl 混合试液：0.1 mol・L^{-1}的 HAc 与 0.2 mol・L^{-1}的 HCl 溶液等体积混合得到。

2. 仪器

电磁搅拌器：1 台。

pHS－3C 型酸度计：1 台。

玻璃电极、饱和甘汞电极各 1 支(或复合电极 1 支)。

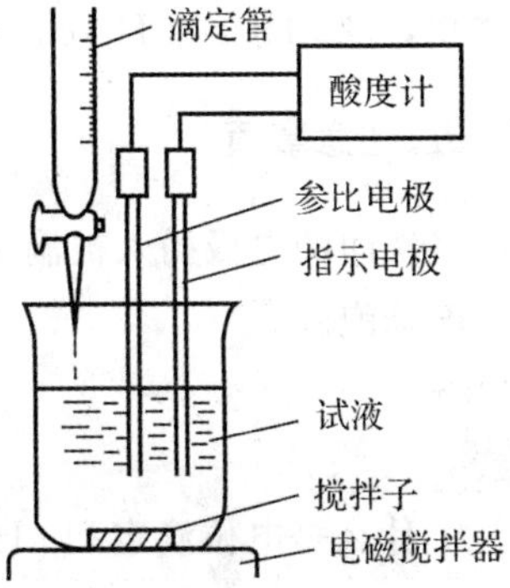

图 5-9　电位滴定装置示意图

四、实验内容

电位滴定装置如图 5-9 所示。

(1)接通电源,酸度计预热 10～15 min。

(2)用 pH=6.86 的标准缓冲溶液定位调节后,用 pH=4.00 的标准缓冲溶液斜率调节。

(3)电位滴定与试液 pH 值的测定。吸取 HCl 和 HAc 混合试液 25.00 mL 于小烧杯中,滴加 2 滴甲基橙指示剂。将两电极插入试液中。滴定前先测定混合试液的 pH,记录数据。用 0.2 mol/L NaOH 标准溶液进行滴定,滴定过程注意搅拌,开始每加入 5.00 mL,测定 pH 值一次。如此连续滴定两次,记录每次滴加 NaOH 溶液后的准确读数(总体积)和溶液 pH 值。然后滴加滴定剂,每间隔 2 mL,测定相应 pH 值一次,当滴定至临近第一突跃范围时(可以从每次间隔测定的电位值有显著改变的情况来判断),滴加 NaOH 标准溶液要减少到隔 0.2 mL 就测定相应 pH 值一次。并注意观察甲基橙指示剂颜色变化。记录每次滴加 NaOH 溶液后的准确读数(总体积)和溶液 pH 值。

(4)滴定越过第一化学计量点后(由每隔 0.2 mL NaOH 标准溶液所测定相应 pH 值的改变逐渐减小的情况来判断),加入 2 滴酚酞指示剂,继续用 NaOH 标准溶液滴定,滴加滴定剂可以每隔 1 mL 或 2 mL,测定相应的 pH 值一次。滴定至溶液呈现微红色终点后再多滴定几次,测量相应的 pH 值即可终止实验。记录每次滴加及测定的有关数据。

(5)作图和数据处理。

1)绘制 pH～V 滴定曲线。以滴定剂 NaOH 标准溶液加入的体积 V 为横坐标,溶液的 pH 值为纵坐标作图。

2)第一突跃部分应是 HCl 与 NaOH 等量作用所形成的区域。在 pH～V 滴定曲线上用“三切线法”作图,求得化学计量点的 pH 值和滴定剂的体积(mL),方法如下(见图 5-10)。

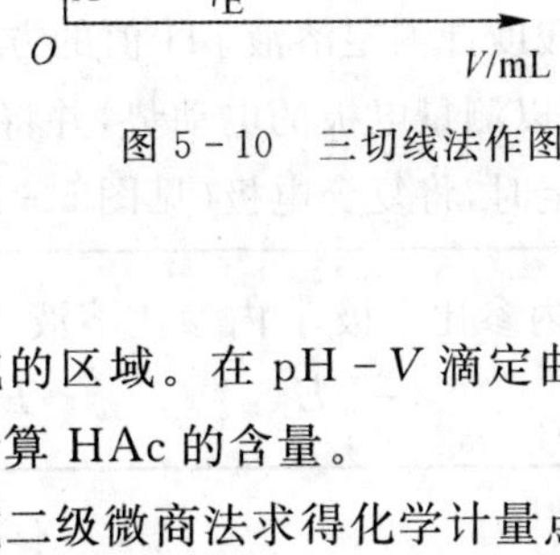

图 5-10　三切线法作图

在滴定曲线两端平坦处作$\overline{AB}$、$\overline{CD}$两条切线,在曲线“突跃部分”作$\overline{EF}$切线与$\overline{AB}$及$\overline{CD}$两线相交于 P、Q 两点,通过 P、Q 两点作 PG、QH 两条线平行于横坐标,然后在此两条线之间作垂直线,在垂线之半的“O”点处,作线$\overline{ON}$线平行于横坐标,$\overline{ON}$与$\overline{EF}$线相交于 M 点,此 M 点恰为滴定曲线的拐点,即为化学计量点。从此“M”点分别作垂线于 pH 轴与 V 轴,所得交点即为化学计量点的 pH 值和滴定剂的体积(mL),据此即可计算 HCl 的含量。

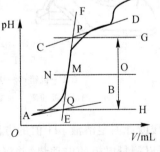

3)第二突跃部分应为 HAc 与 NaOH 等量作用所形成的区域。在 pH-V 滴定曲线上用上述同样方法求算化学计量点时滴定剂的体积(mL),并计算 HAc 的含量。

4)要求准确时,可根据实验记录数据,用一级微商法或二级微商法求得化学计量点的滴定剂体积，计算 HCl 和 HAc 的含量。

五、注意事项

将洗净的电极插入被滴定溶液时，要注意不能插入太深，以免搅拌子搅动时击破电极下端的玻璃球泡。

思 考 题

1. 什么是电位滴定和 pH～V 曲线？两者的关系是什么？

2. 在滴定过程中，以甲基橙为指示剂的终点与电位法终点是否一致？为什么？

3. 用 pH 电位滴定法，能否分别滴定 $Na_2CO_3-NaHCO_3$ 混合物中各组分（假定各组分的浓度相等）？

［附］

雷磁 pHS－3C 型酸度计及其使用方法

一、雷磁 pHS－3C 型酸度计的工作原理

酸度计（又称 pH 计）是测定溶液 pH 值的常用仪器，也可以用来测定电池的电动势，它具有操作方便、迅速等优点。

酸度计由电极和电计两大部分组成，电极是检测部分，电计是指示部分。

雷磁 pHS－3C 型酸度计外形结构如图 5－11 所示 。

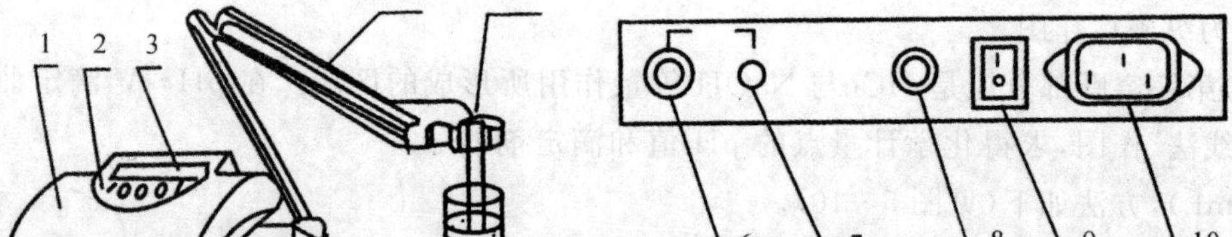

图 5－11　雷磁 pHS－3C 型酸度计外形结构图

1—机箱；2—键盘；3—显示屏；4—多功能电极架；5—电极；
6—测量电极插座；7—参比电极接口；8—保险丝；9—电源开关；10—电源插座

用酸度计测定溶液 pH 值的方法是电位测定法。酸度计本身是一个输入阻抗极高的电位计，它可以测量电极的电动势，并将电动势转换成溶液的 pH 值而直接表示出来。

测定时，将复合电极（见图 5－12）插入被测溶液中，在溶液中组成如下电池：

内参比电极	内参比溶液	电球极泡	被测溶液	外参比溶液	外参比电极
(－)$E_{内参}$	$E_{内玻}$	$E_{外玻}$	$E_{液接}$		$E_{外参}$(＋)

其中　$E_{内参}$——内参比电极与内参比溶液之间的电势差；

$E_{内玻}$——内参比溶液与玻璃球泡内壁之间的电势差；

$E_{外玻}$——玻璃球泡外壁与被测溶液之间的电势差；

$E_{液接}$——被测溶液与外参比溶液之间的接界电势；

$E_{外参}$——外参比电极与外参比溶液之间的电势差。

电池的电动势为各级电势之和，即

$$E=-E_{内参}-E_{内玻}+E_{外玻}+E_{液接}+E_{外参}$$

式中

$$E_{外玻}=E^{\theta}_{玻}-\frac{2.303RT}{E}\mathrm{pH}$$

再设

$$A=-E_{内参}-E_{内玻}+E_{液接}+E_{外参}+E^{\theta}_{玻}$$

在固定条件下，A 为常数，可得

$$E=A-\frac{2.303RT}{F}\mathrm{pH}$$

可见电动势 E 与被测溶液的 pH 呈线性关系，其斜率为$\frac{-2.303RT}{F}$。因为上式中常数项 A 随各支电极和各种测量条件而异，所以只能用比较法。即用已知 pH 的标准缓冲溶液定位，通过酸度计中的调节器消除式中的常数项 A，以便保持相同的测量条件，来检测被测溶液的 pH。

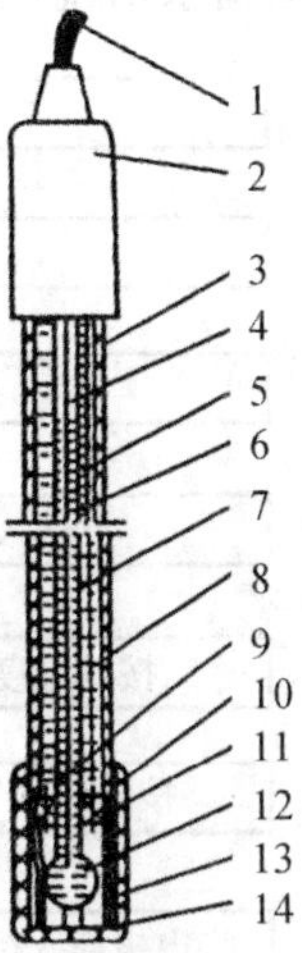

图 5-12　E-201-C 型 pH 复合电极

1—电极电导；2—电极帽；3—加液孔；4—内参比电极；5—外参比电极；6—电极支持杆；7—内参比溶液；8—外参比溶液；9—液接界；10—密封圈；11—硅胶圈；12—电极球泡；13—球泡护罩；14—护套

二、雷磁 pHS-3C 型酸度计使用方法

雷磁 pHS-3C 操作流程见图 5-13。仪器使用前首先要标定，一般情况下仪器在连续使用时，每天要标定一次。

(1)在测量电极插座(6)处拔掉 Q9 短路插头，在测量电极插座(6)处插入复合电极；如不用复合电极，则在测量电极插座(6)处插入玻璃电极插头，参比电极接入参比电极接口(7)处。

(2)打开电源开关，仪器预热 10～15 min，按“pH/mV”按钮，使仪器进入 pH 测量状态。

(3)按“温度”按钮，使显示为溶液温度值(此时温度指示灯亮)，然后按“确认”键，仪器确定溶液温度后回到 pH 测量状态。

(4)把用蒸馏水清洗过的电极插入 pH＝6.86 的标准缓冲溶液中，待读数稳定后按“定位”键(此时 pH 指示灯慢闪烁，表明仪器在定位标定状态)使读数为该溶液当时温度下的 pH 值(例如磷酸盐标准缓冲溶液 10℃时，pH＝6.92)，然后按“确认”键，仪器进入 pH 测量状态，pH 指示灯停止闪烁。标准缓冲溶液的 pH 值与温度关系对照表见附录Ⅲ。

(5)把用蒸馏水清洗过的电极插入 pH＝4.00(或 pH＝9.18)的标准缓冲溶液中，待读数稳定后按“斜率”键(此时 pH 指示灯快闪烁，表明仪器在斜率标定状态)使读数为该溶液当时温度下的 pH 值(例如邻苯二甲酸氢钾 10℃时，pH＝4.00)，然后按“确认”键，仪器进入 pH 测量状态，pH 指示灯停止闪烁，标定完成。

(6)用蒸馏水清洗电极后即可对被测溶液进行测量。

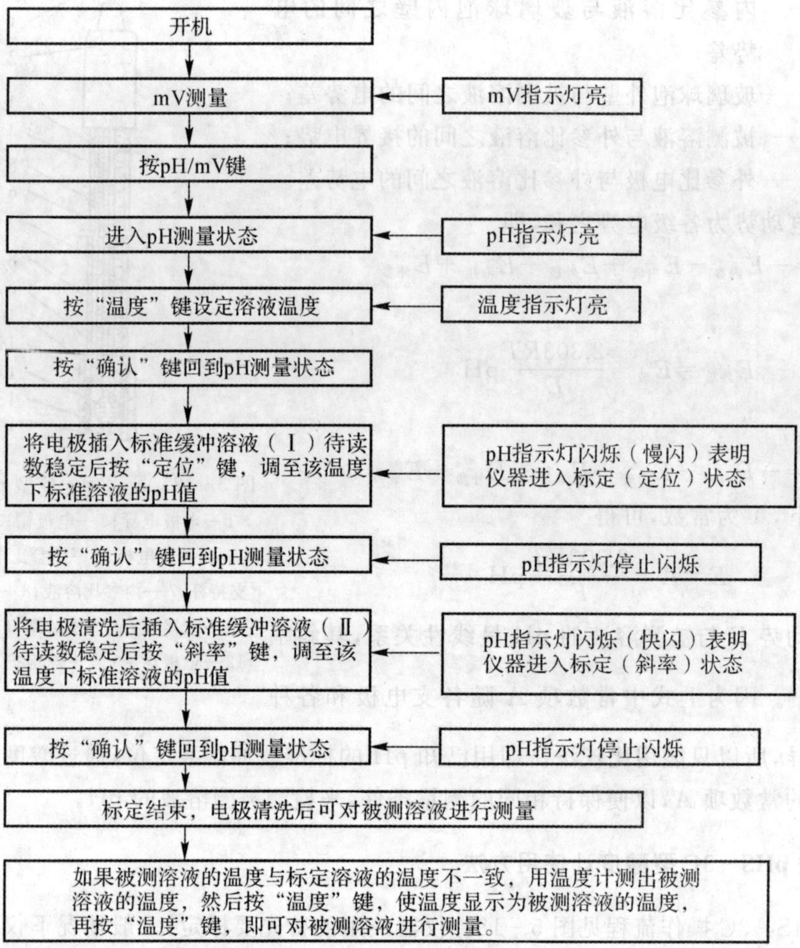

图 5－13　雷磁 pHS－3C 操作流程图

实验六　阿司匹林片剂中乙酰水杨酸含量的测定

一、实验目的

(1)学习药品中乙酰水杨酸含量的测定方法。

(2)学习返滴定法的原理与操作。

二、实验原理

阿司匹林(Aspirin)的化学名为乙酰水杨酸(Acetyl Salicylic Acid)，是一种非常普遍的治疗感冒的药物，有解热止痛的效用，同时还可软化血管。它是有机弱酸($pK_a=3.0$)，微溶于水，易溶于乙醇，其结构式为

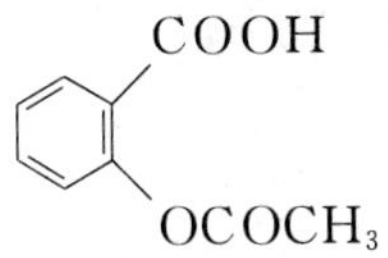

$$\underset{\text{OCOCH}_3}{\overset{\text{COOH}}{\bigcirc}}$$

由于它的 pK_a 较小，可以作为一元酸用 NaOH 溶液直接滴定，以酚酞为指示剂。为了防止乙酰基水解，应在 10℃以下的中性冷乙醇介质中进行滴定，滴定反应为

$$\underset{\text{OCOCH}_3}{\overset{\text{COOH}}{\bigcirc}} + OH^- \Longrightarrow \underset{\text{COCH}_3}{\overset{\text{COO}^-}{\bigcirc}} + 2H_2O$$

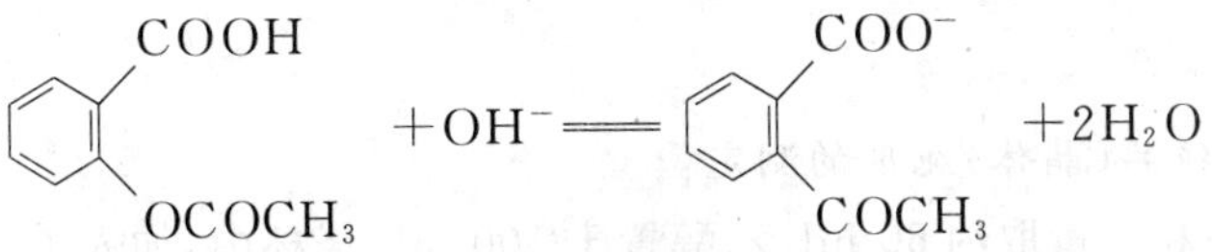

乙酰水杨酸在 NaOH 或 Na_2CO_3 等强碱性溶液中溶解并分解为水杨酸（即邻羟基苯甲酸）和乙酸盐，即

$$\underset{\text{OCOCH}_3}{\overset{\text{COOH}}{\bigcirc}} + 3OH^- \Longrightarrow \underset{\text{O}^-}{\overset{\text{COO}^-}{\bigcirc}} + CH_3COO^- + 2H_2O$$

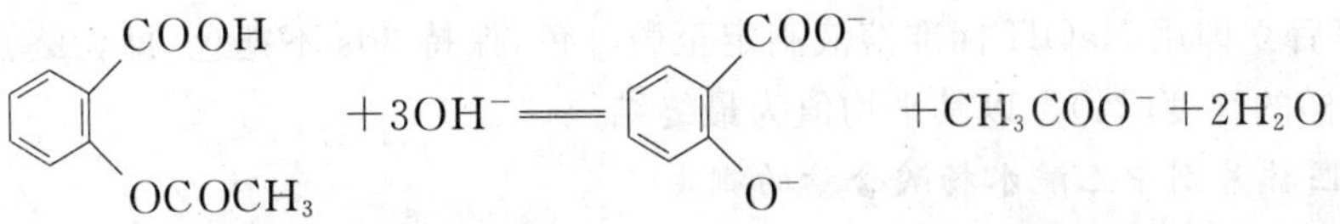

直接滴定法适用于乙酰水杨酸纯品的测定，而药片中一般都混有淀粉等不溶物，在冷乙醇中不易溶解完全，不宜直接滴定，可以利用上述水解反应，采用返滴定法进行测定。药片研磨成粉状后加入过量的 NaOH 标准溶液，加热一定时间使乙酰基水解完全，再用 H_2SO_4 标准溶液回滴过量的 NaOH，以酚酞的粉红色刚刚消失为终点。滴定反应为

$$2NaOH + H_2SO_4 \Longrightarrow Na_2SO_4 + 2H_2O$$

终点时，溶液 pH≈8，解离的酚羟基重新结合一个 H^+，这时有如下反应发生：

$$\underset{\text{O}^-}{\overset{\text{COO}^-}{\bigcirc}} + H^+ \Longrightarrow \underset{\text{OH}}{\overset{\text{COO}^-}{\bigcirc}}$$

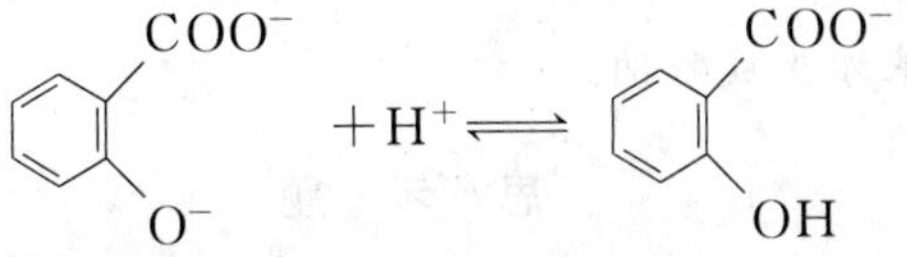

由此可知，1 mol 乙酰水杨酸可与 3 mol NaOH 反应，用 H_2SO_4 返滴至 pH＝8 时：$\underset{\text{ONa}}{\overset{\text{COONa}}{\bigcirc}}$ 转化为 $\underset{\text{OH}}{\overset{\text{COONa}}{\bigcirc}}$，1 mol $\underset{\text{OH}}{\overset{\text{COONa}}{\bigcirc}}$ 需要消耗 1 mol H^+。因此，1 mol乙酰水杨酸实际只消耗了 3－1＝2 mol 的 NaOH，因此乙酰水杨酸与 NaOH 的化学计量关系为 1∶2。

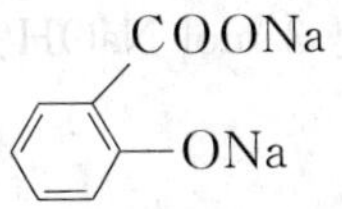

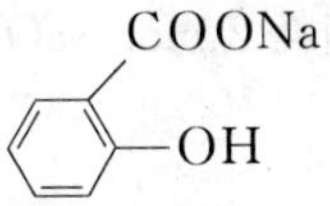

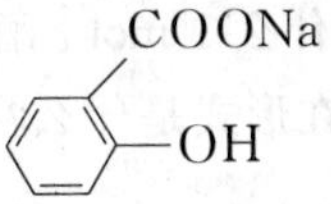

三、主要试剂和仪器

1. 试剂

H_2SO_4 标准溶液：$0.05 \text{ mol} \cdot L^{-1}$。（使用前需标定）

NaOH 标准溶液：$0.1 \text{mol} \cdot L^{-1}$。（使用前需标定）

乙醇：95%。

酚酞溶液：1%乙醇溶液。

乙酰水杨酸纯品。

阿司匹林片剂。

2. 仪器

碱式滴定管：1支。

酸式滴定管:1支。

锥形瓶:250 mL,3个。

研钵:1个。

四、实验内容

1. 乙酰水杨酸纯品(晶体)纯度的测定

(1)乙醇的预中和。量取约60 mL乙醇置于100 mL烧杯中,加入1～2滴酚酞指示剂,在搅拌下滴加0.1 $mol \cdot L^{-1}$的NaOH溶液至刚刚出现微红色,盖上表面皿,泡在冰水中。

(2)准确称取乙酰水杨酸纯品试样约0.4 g置于干燥的锥形瓶中,加入20 mL中性冷乙醇,摇动溶解后立即用NaOH标准溶液滴定至微红色,保持30s不褪色,即为终点。平行滴定3次,计算试样的纯度(%)。以其平均值为最终结果。

2. 阿司匹林片剂中乙酰水杨酸含量的测定

取四片药片,称量其总量(准确至0.1 mg),在研钵中将药片充分研细并混匀,转入称量瓶中。准确称取0.4 g药粉置于锥形瓶中,加入40.00 mLNaOH标准溶液,盖上表面皿,轻轻摇动后放在水浴上加热约15 min,其间摇动两次并冲洗瓶壁一次。取出,迅速用自来水冷却,然后加入1滴酚酞溶液,立即用0.05 $mol \cdot L^{-1}$的H_2SO_4标准溶液滴定至红色刚刚消失,即为终点。平行测定3次。

计算阿司匹林片剂中乙酰水杨酸的含量(g/片)。

[说明]

只有pH>10时,酚羟基才生成酚钠。

思 考 题

1. 测量乙酰水杨酸纯品试样(晶体)时,所用锥形瓶为什么要干燥?

2. 在测定药片的实验中,为什么1 mol乙酰水杨酸消耗2 mol NaOH,而不是3 mol NaOH?返滴后的溶液中,水解产物的存在形式是什么?

第六章 自拟方案设计性实验

自拟方案设计性实验在实验室预约和开放式管理的模式下进行，可以是化学实验教学示范中心提供的实验项目（项目不定期更换），也可以是学生自拟的实验项目。鼓励学生参与教师科研项目，在教师指导下，将教师的科研成果引进学生实验或转化为新实验。

6.1 实验目的和要求

一、实验目的

（1）培养学生综合运用所学知识，分析问题、解决问题的能力和独立实验能力。

（2）培养学生查阅相关文献、资料和撰写实验报告的能力。

二、实验要求

（1）学生应根据所选定的实验项目（或自拟实验项目），查阅相关文献、资料，并做详细记录。

（2）学生在查阅相关文献、资料的基础上，拟定实验方案，包括：实验原理、所需试剂和仪器详单（包括试剂的配制、试样的预处理方法等）、具体的实验步骤及分析结果的计算。

（3）实验方案经指导教师审阅，化学实验教学示范中心学术小组批准后，进行实验工作，写出实验报告。

6.2 实验方案设计思路

1. 明确分析任务（实验题目）的目的和要求

接受分析任务时，要明确分析的目的和要求，了解分析对象的组成、大致含量和对分析准确度的要求，对分析试样的来源、共存组分的组成、含量等也应有所了解。

2. 查阅相关文献、资料

在明确分析的目的和要求后，查阅相关文献、资料，选择适当的分析方法。分析化学参考文献和资料的来源包括：丛书、手册、技术标准、教材、期刊论文、专利以及网络资源等。由于计算机和网络的普及，网络资源信息量大、获取方便，已成为科学研究和查阅文献资料不可或缺的最重要途径，如中国知网（http://www.cnki.net）、维普期刊资源整合服务平台（http://qikan.cqvip.com）、万方数据知识服务平台（http://g.wanfangdata.com.cn）、百度学术（http://xueshu.baidu.com）、谷歌学术（http://scholar.google.com）、SciFinder 数据库（https://scifinder.cas.org）、Web of Science 平台（http://www.webofknowledge.com）、ACS（美国化学学会全文期刊数据库）（http://pubs.acs.org/）、Elsevier ScienceDirect 全文数据库（http://www.sciencedirect.com/)等。

3. 实验方案的设计与实施

通过参考文献调研，可以找到若干种分析方法。一般而言，每种分析方法均有其特点和不足之处。由于样品的来源、组成不同、共存组分的干扰影响各异，对特定的分析对象而言，即使是比较成熟的分析方法也需要根据实际情况加以修正和补充。因此，要根据试样的组成、被测组分的性质、含量以及对分析结果准确度的要求，结合实验室的具体条件，选择和拟定切实可行的实验方案。

实验方案实施过程中，可能会与实际情况有出入，要根据实验结果对原有的实验方案进行适当的修正和改进。

4. 数据处理和结果分析

实验结束后，要对实验数据进行处理和结果分析，完成实验报告(包括题目、实验原理、实验步骤、结果与讨论、结论和参考文献等)，并对自己设计的实验方案进行评价，改进完善。

6.3　设计性实验备选项目

一、实验一　蛋壳中钙镁含量的测定

(一)实验原理

鸡蛋壳主要由无机物组成，约占整个蛋壳的 94%～97%，主要包括碳酸钙 93%、碳酸镁 1%、碳酸钙和碳酸镁混合物 2.8%。此外，蛋壳中还含有锌、铜、锰、铁、硒等多种微量元素。蛋壳中的有机物主要为基质蛋白质，仅占 3%～6%。

(二)实验方法选择

蛋壳中钙镁含量的测定可以有多种方法，如：

1. 酸碱滴定法

蛋壳中的碳酸盐能与 HCl 发生反应：

$$CaCO_3 + 2HCl \xlongequal{} CaCl_2 + H_2O + CO_2\uparrow$$

$$MgCO_3 + 2HCl \xlongequal{} MgCl_2 + H_2O + CO_2\uparrow$$

过量的 HCl 溶液可用标准 NaOH 溶液返滴定，根据实际与蛋壳中的碳酸盐反应的 HCl 标准溶液的量，可求得蛋壳中的钙镁含量(用 CaO 含量表示)。

2. 络合滴定法

将蛋壳粉用 HCl 溶液溶解后，在 pH＝10 时，以铬黑 T 为指示剂，利用 EDTA 标准溶液直接滴定，测得蛋壳中钙镁总量。

单独测定钙含量时，先用 NaOH 调节溶液 pH 为 12～13，使 Mg^{2+} 转变为 $Mg(OH)_2$ 沉淀。然后加入钙指示剂，以 EDTA 标准溶液直接滴定，测蛋壳中 Ca^{2+} 的量。钙镁总量减去 Ca^{2+} 的量，即得 Mg^{2+} 的量。

3. 氧化还原滴定法

利用鸡蛋壳中的 Ca^{2+} 与草酸盐形成难溶的 CaC_2O_4 沉淀，将沉淀过滤、洗涤，用稀 H_2SO_4 溶解后，用 $KMnO_4$ 标准溶液滴定 CaC_2O_4 溶解释放出的 $C_2O_4^{2-}$，求得鸡蛋壳中的 Ca^{2+} 含

量，即

$$Ca^{2+} + C_2O_4^{2-} = CaC_2O_4$$

$$CaC_2O_4 + H_2SO_4 = CaSO_4 + H_2C_2O_4$$

$$5H_2C_2O_4 + 2MnO_4^- + 6H^+ = 10CO_2 + 2Mn^{2+} + 8H_2O$$

试比较这三种方法测定蛋壳中钙镁含量的优缺点。你还能提出其他测定方法吗？

二、实验二　饼干中 $NaHCO_3$ 和 Na_2CO_3 含量的测定

三、实验三　洗衣粉中聚磷酸盐含量的测定

四、实验四　葡萄糖酸锌口服液中锌含量的测定

五、实验五　叶绿素铜钠中铜含量的测定

六、实验六　铝合金中铝含量的测定

七、实验七　2-(5-氯-2-吡啶偶氮)-5-二乙基氨基酚作络合滴定指示剂连续测定铜和锌

八、实验八　葡萄糖注射液中葡萄糖含量的测定

九、实验九　水中溶解氧的测定

十、实验十　硅酸盐水泥中 SiO_2，Fe_2O_3，Al_2O_3，CaO 和 MgO 含量的测定

十一、实验十一　露天水体的水质分析

十二、实验十二　有机官能团的定量分析

有机官能团是指有机化合物中具有一定结构特征的、能反映该化合物某些物理或化学特性的原子或原子团。官能团的定量分析在有机定量分析中十分重要。官能团定量分析可以通过对试样中某组分的特征官能团的定量测定，来确定特征官能团在分子中的百分比和个数，从而确定或验证化合物的结构。

有机官能团定量分析分为化学分析法和仪器分析法。后者包括紫外-可见分光光度法、红外光谱法、核磁共振谱法、质谱法、电化学分析法、原子吸收分光光度法、色谱法等。

化学分析法以官能团的特征化学反应为基础，通过测定试剂的消耗量或反应产物的生成量来进行分析。可以测量的特质包括酸、碱、氧化剂、还原剂、水分、沉淀物、气体或有色物质等。常用方法有：酸碱滴定法、氧化还原滴定法、沉淀滴定法、水分测定法、气体测量和光度分析法等。

官能团定量分析的特点：①一种分析方法或分析条件不可能适用于所有含这种官能团的化合物；②速度一般都比较慢，许多反应是可逆，很少能直接测定；③测定官能团的反应很多，

有的反应专属性比较强，若选择了合适的实验条件，可以避免其他共存成分的干扰，样品可以不必分离、提纯；④官能团分析多用于成分分析，相对误差可在±5%范围内变动。

下列各种官能团的分析，在自拟实验方案设定中可选择1～2种。

(一)羟基的定量测定

1. 原理

烃的羟基衍生物是一类重要的有机物，官能团羟基的性质因烃基不同而不同。醇羟基与酚羟基不同。醇羟基中伯、仲醇羟基一般用酰化法测定，即利用醇与酰氯或酸酐等酰化剂进行酰化反应生成酯，测定用去的酰化剂量，从而计算出羟基含量。这是测定醇羟基最简便的容量分析法，另外一种方法是利用醇与有机羧酸在催化剂作用下进行酯化反应，测定反应中生成的水、计算羟基含量。前一种方法操作简便、应用普通，但分析中的水、酚、酸等有干扰，而且由于叔醇与酰化剂作用易引起局部脱水反应，所以不适应于叔醇的定量测量。后一种方程较为复杂，但可以克服上述缺点。酚羟基一般利用其具有弱酸性可采用标准碱溶液进行非水滴定，或利用苯环上的取代反应(溴代反应)进行测定。本实验就是用酰化法测定醇羟基。

醇与酰化剂乙酰氯或乙酸酐反应：

$$R—OH + CH_3—\overset{\overset{O}{\|}}{C}—Cl \longrightarrow R—O—\overset{\overset{O}{\|}}{C}—CH_3 + HCl$$

$$R—OH + CH_3—\overset{\overset{O}{\|}}{C}—O—\overset{\overset{O}{\|}}{C}—CH_3 \longrightarrow R—O—\overset{\overset{O}{\|}}{C}—CH_3 + CH_3COOH$$

反应可以定量进行，乙酰氯反应活性大，反应快，乙酸酐反应较慢。测定时，先加入过量的乙酸酐，待反应完成后，将剩余的酸酐水解，再用标准碱溶液滴定生成的醋酸。

由于每分子酸酐水解后生成二分子醋酸，而每个乙酸酐与一个醇羟基反应后只产生一分子醋酸，由空白实验与样品滴定时消耗的碱的体积差，就可以计算样品中羟基的含量。常用吡啶为介质，酚酞或甲基红-百里酚兰为指示剂，滴至粉红色或紫色时为终点。

2. 试剂

酰化剂(乙酸酐-吡啶溶液)：一体积分析纯乙酸酐和三体积吡啶的混合液(必须新鲜配制)。

0.5 mol的氢氧化钠标准溶液(需标定)。

0.1%的酚酞溶液。

3. 实验步骤

准确称取约含有0.005 mol的羟基样品，置于带磨口玻璃塞的干燥锥形瓶中，用移液管取5 mL的乙酸酐-吡啶溶液放入瓶中，瓶塞用一细火柴梗架在瓶口与塞子之间，将锥形瓶放在水浴中加热20～30 min取下，稍松塞子，沿瓶口加入20 mL蒸馏水充分摇匀，放在冷水中冷却至室温，随即打开瓶塞，防止瓶内形成真空。用蒸馏水冲洗瓶塞后加入2滴指示剂，再用0.5 $mol \cdot L^{-1}$ NaOH的标准溶液滴定至终点(颜色应在30 s内保持不变)。按上法在相似条件下作空白实验。

4. 计算

样品中羟基含量：

$$w_{OH} = \frac{(V_0 - V) \times c_{NaOH} \times 17.01}{m_{样品}}$$

样品中羟基化合物含量：

$$w_{化合物} = \frac{(V_0 - V) \times c_{NaOH} \times 化合物摩尔质量}{m_{样品}}$$

式中　c_{NaOH}——标准 NaOH 溶液的浓度，$mol \cdot L^{-1}$；

V_0——空白实验滴定消耗 NaOH 的体积，mL；

V——样品滴定消耗的 NaOH 体积，mL；

m——样品质量，mg。

(二)羰基的定量测定

1. 原理

醛、酮分子中都有羰基，羰基的定量测量方法就是利用羰基的加成反应和缩合反应完成，最常见的是亚硫酸氢钠加成法和羟氨法。亚硫酸氢钠是测定醛与甲基酮的专用方法，羟氨法应用更为普遍，适合于测定各种醛、酮的羰基。醌类化合物(如苯醌)分子中的羰基另有测定方法，这里仅介绍羟氨法。

羰基化合物与氨的衍生物羟氨（NH_2—OH）发生加成脱水反应生成肟。一般用羟氨的盐酸盐与羰基化合物作用，反应除生成肟以外，还有水和氯化氢生成，测定水的生成量，或用标准碱溶液滴定 HCl 的生成量，都可求出羰基化合物中羰基含量或羰基化合物的百分含量。

$$\begin{array}{c} R \\ \diagdown \\ C{=}O + NH_2{-}OH \cdot HCl \rightleftharpoons \\ \diagup \\ R'(H) \end{array} \quad \begin{array}{c} R \\ \diagdown \\ C{=}N{-}OH + H_2O + HCl \\ \diagup \\ R'(H) \end{array}$$

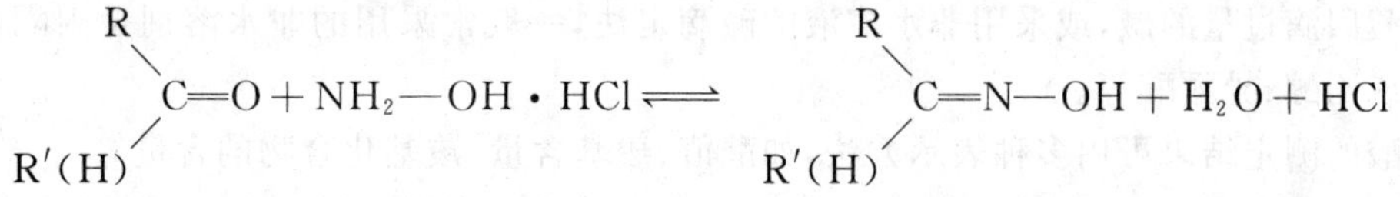

这个反应是可逆的，溶液的 pH 值对平衡的影响很大，一般测定的值偏低。为提高分析结果的准确度，常常在溶液中加入弱的有机碱吡啶($\underset{}{\bigcirc} N$ 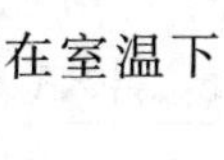)，吡啶与盐酸盐结合形成吡啶盐

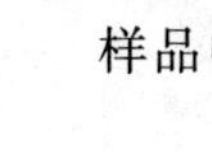

$\underset{}{\bigcirc} N \cdot HCl$，可以使上述平衡反应向生成肟的方向移动。吡啶盐酸盐有足够的酸性，可用 NaOH 标准溶液滴定。

羰基化合物与羟氨的反应速率，视与羰基相连的烃基不同而不同。醛比酮具有较高的反应速度，烃基越大，反应速度越小，一般醛与羟氨在室温下反应 30 min 即可定量完成，有些则需要较高的温度和较长的反应时间。

样品中羰基化合物的含量为

$$w_{化合物} = \frac{V \times c_{NaOH} \times 化合物摩尔质量}{m_{样品}}$$

式中　V——滴定时消耗 NaOH 甲醇标准溶液的体积，mL；

c_{NaOH}——NaOH 甲醇标准溶液的摩尔浓度，$mol \cdot L^{-1}$；

$m_{样品}$——样品的质量，mg。

2. 试剂

$0.5\ mol \cdot L^{-1}$ 的 $NH_2OH \cdot HCl$ 溶液：将 34.75 g 的羟氨盐溶于 16 mL 的水中，用 95% 的

乙醇稀释至1 L。

指示剂：0.1%的甲基橙乙醇溶液或0.1%的溴酚蓝吡啶溶液。

0.2 mol·L^{-1}的NaOH甲醇标准溶液：称取2 g固体NaOH，溶于30 mL的水中，再用甲醇稀释到250 mL，标定其准确浓度。

3. 实验步骤

在250 mL的磨口锥形瓶中，放入30 mL的$NH_2OH \cdot HCl$溶液与1.00 mL的溴酚蓝吡啶溶液（或甲基橙指示剂），称取样品放入锥形瓶中，将瓶塞住，静置到所指定的时间（一般需要30 min，个别的化合物需要加热时，则在水浴上加热回流到所需的时间，冷却至室温再滴定），最后，用0.5 mol/L的NaOH甲醇溶液滴定到终点（同时做一空白实验作为颜色的标准）。

（三）羧基的定量测定

1. 原理

有机羧酸是一类重要的有机物，也是制备多种高分子材料的原料，如醇酸树脂、聚酯树脂等，在制成的树脂产品中，常常会有一定量未反应完的有机酸，生产上把这种酸称为游离酸。测定游离酸的含量，可用来控制树脂生产的反应程度，又是树脂质量的重要指标，因此在生产中有着重要的意义。羧酸一般是弱酸，分子中烃基部分虽对酸性有影响，但一般差别不大，各种饱和一元酸pK_a约在5左右。当烃基上连有吸强电子基时，因吸电子基的诱导效应而酸性增强，凡pK_a小于8并且能溶于水的羧酸，均可方便地用标准的NaOH水溶液直接滴定，用目视法或电位滴定法确定终点。对于不溶于水的羧酸，可使其溶于已知量的NaOH溶液中，再用标准酸回滴过量的碱，或采用非水溶液的碱滴定法，一般常采用的非水溶剂是丙酮，二甲基甲酰胺或乙醇、异丙醇等。

羧酸的测定结果可用多种表示方法，如酸值、羧基含量、羧基化合物的含量等。

在水溶液中，大多数羧酸与NaOH作用的化学计量点在弱碱性范围内，用酚酞或百里香酚酞作指示剂，终点更加敏锐。

酸值K＝中和1 g样品中酸成分所需的苛性钾（KOH）的毫克数，计算：

$$K=\frac{c_{NaOH}V_{NaOH}\times 56.11}{m_{样品}}$$

式中　56.11——KOH的摩尔质量；

$m_{样品}$——样品的质量，mg。

样品中羧基的含量为

$$w_{OH}=\frac{c_{NaOH}\times V_{NaOH}\times 45.01}{m_{样品}}\times 100\%$$

式中　45.01为羧基摩尔质量。

样品中羰基化合物的含量为：

$$w_{化合物}=\frac{c_{NaOH}\times V_{NaOH}\times 化合物摩尔质量}{m_{样品}}\times 100\%$$

2. 试剂

95%乙醇。

酚酞指示剂。

0.1 mol·L^{-1}的NaOH标准溶液（需标定）。

3. 实验步骤

准确称取约 10 mmol 的含游离酸样品，溶于 15 mL 乙醇中，加水稀释，若不溶可稍加热，待溶后滴加指示剂，用 0.1 mol · L^{-1}的标准 NaOH 溶液滴至终点。

(四)环氧基的定量测定

1. 原理

α-环氧基的结构为 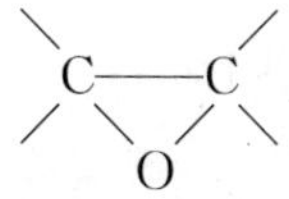 ，它是环氧树脂分子中的活性基团，环氧树脂的固化，主要靠环氧基与固化剂分子间发生的交联反应。环氧基的含量是环氧树脂的一个重要指标，对生产来讲，是控制树脂生产和鉴定树脂质量的主要性能指标，对使用来讲，则是选用树脂和计算固化剂用量的依据。环氧基含量的表示方法有多种，最常用的是环氧基含量、环氧值和环氧当量。

环氧值：是指 100 g 环氧树脂中含有环氧基的物质的量，单位为 mol/100 g，用 Ev 表示。

环氧基含量：指每 100 克树脂中所含有的环氧基的克数，用 E*c* 表示。

环氧当量：指含有 1 mol 环氧基的环氧树脂的质量，单位为 g/mol，用 EEw 表示。

$\text{环氧值}=\dfrac{2\times100}{\text{环氧树脂相对分子质量}}$，即

$$\mathrm{Ev}=\frac{2\times100}{\mathrm{M}}$$

$\text{环氧当量}=\dfrac{100}{\text{环氧值}}$，即

$$\mathrm{EEw}=\frac{100}{\mathrm{Ev}}$$

$\text{环氧基含量}=\dfrac{43\times100}{\text{环氧当量}}$，即

$$\mathrm{Ec}=\frac{43\times100}{\mathrm{EEw}}$$

即 $$\mathrm{EEw}=\frac{M}{2}=\frac{100}{\mathrm{Ev}}=\frac{43\times100}{\mathrm{Ec}}$$

一般开链醚与五、六元环醚性质稳定，对许多化学试剂是惰性的，而三元环醚（α-环氧基）则非常活泼，几乎可以与所有的亲核试剂反应，发生环的破裂，形成加成产物。如环氧基与 HCl，$NaHSO_3$，H_2O，R — OH，Ar — OH，NH_2OH，NH_2 — NH_2， NH_2 — NH— 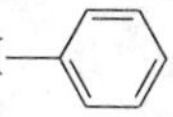 ，R — NH_2，R — COOH 等，其化学分析方法就是基于上述反应。目前国内外最常用的方法是 α-环氧基与 HCl 的开环加成反应：

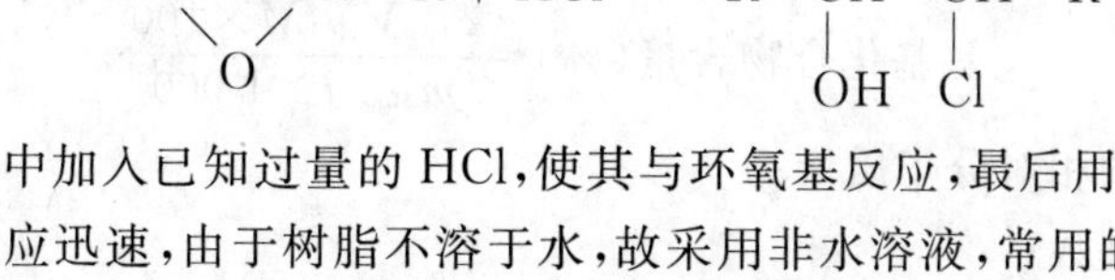

本方法是在试样中加入已知过量的 HCl，使其与环氧基反应，最后用标准碱溶液滴定剩余的过量 HCl。此法反应迅速，由于树脂不溶于水，故采用非水溶液，常用的有：

(1)盐酸-丙酮法（适用于相对分子质量在 1 500 以下的环氧树脂）；

(2)盐酸-吡啶法(适用于相对分子质量在 1 500 以上的环氧树脂)。

本实验即用盐酸-丙酮法测定环氧树脂的环氧值。计算:

$$\text{环氧值(摩尔质量/100 克)} = \frac{(V - V') \times c_{NaOH}}{10 \times m_{样品}}$$

式中 V' ——空白实验消耗的 NaOH 体积,mL;

V ——试样消耗的 NaOH 体积,mL;

c_{NaOH} ——所用 NaOH 溶液的物质的量浓度,$mol \cdot L^{-1}$;

$m_{样品}$ ——样品的质量,g。

2. 试剂

盐酸-丙酮溶液:将浓盐酸和丙酮按体积比 1∶40 混合得到。

0.1 $mol \cdot L^{-1}$ NaOH 乙醇标准溶液:将 0.4 g NaOH 溶于 100 mL 乙醇中,摇匀。使用前需标定其浓度。

甲基红指示剂:0.1%的 60%乙醇溶液。

3. 实验步骤

准确称取 0.5~1.5 g 树脂,置于具塞的锥形瓶中,用移液管加入 20.00 mL 的盐酸-丙酮溶液,加塞摇荡,使树脂完全溶解,在阴凉处放置 1 h,加入甲基红指示剂 3 滴,用 0.1 $mol \cdot L^{-1}$的 NaOH 乙醇溶液滴定过量的 HCl,至红色褪去,溶液变成黄色时为终点。同样操作,不加树脂,做一份空白实验。

注意:如环氧树脂相对分子质量在 1 500 以上,常用吡啶法。测定时样品与盐酸-吡啶溶液需要回流加热 45 min,以使反应完全。其它步骤与上述方法相同。

(五)氨基的定量测定

1. 原理

氨基是含氮碱性官能团,由于氨基氮原子上有一对孤对电子可以与 H^+ 结合,因此具有一定碱性。所以氨基可用酸滴定法测定。

大部分胺类可以在水溶液中或在有机溶剂中滴定。一般脂肪族胺碱性较大,在水溶液中可以用酸直接滴定,这些胺类的共轭酸在水中的解离常数 pK_a 大约在 10~11 之间。芳胺及其他弱有机碱类虽然不能在水溶液中滴定,但是可以在特殊的有机溶剂如乙二醇-异丙醇溶液中滴定,甚至在水中的共轭酸解离常数低于 10 的弱碱性胺类,也可以用此方法滴定。用酸滴定法进行测定的方法比较简单,并且误差也比较小。许多脂肪族胺类易溶于水,可以用强酸如盐酸或者高氯酸滴定,其他难溶于水的氨基化合物则不适合此法:

$$R - NH_2 + HClO_4 \longrightarrow R - NH_2 \cdot HClO_4$$

$$R - NH_2 + HCl \longrightarrow R - NH_2 \cdot HCl$$

难溶于水的芳香族胺及其他有机碱类如吡啶、喹啉等,则可以先溶于 1∶1 的乙二醇-异丙醇溶剂中,再用强酸滴定。计算:

$$\text{氨基化合物含量(\%)} = \frac{c_{HCl} V_{HCl} M \times 100}{m_{样品} n \times 1\,000}$$

式中 M ——胺的相对分子质量;

n ——氨基数;

m ——样品质量;

V_{HCl} —— HCl 的体积，mL；

c_{HCl} —— HCl 的浓度。

2. 试剂

0.1 mol·L^{-1}的盐酸标准溶液（使用前需标定）。

溴甲酚绿-甲基红混合指示剂：取 0.1%的溴甲酚绿的甲醇溶液 5 份和 0.1%的甲基红的甲醇溶液 1 份混合备用。这种混合指示剂可以使用两周。

3. 实验步骤

取 50 mL 的水置于 250 mL 带磨口的锥形瓶中，加入 6～8 滴溴甲酚绿-甲基红混合指示剂，用盐酸标准溶液滴定到绿色消失，加入含 3～4 毫摩尔数胺的试样，摇荡使其溶解。用 0.1 mol·L^{-1}盐酸标准溶液滴定到绿色消失。

（六）胺值定量测定法

1. 原理

胺值是指中和 1 g 胺类固化剂所需的酸，以与其相当的氢氧化钾毫克数来表示（mg KOH/g）。

由于胺属碱性，故可以用酸直接滴定。有机胺类常作环氧树脂的固化剂，胺值含量越高，固化反应的速度越快。因此，可以从胺类固化剂胺值的大小来判断固化反应的快慢，即

$$胺值=\frac{56.1\times V_{HCl}\times c_{HCl}}{m_{样品}}$$

式中　$m_{样品}$ ——样品的质量，g；

56.1 —— KOH 的相对分子质量；

V_{HCl} ——消耗的 HCl-乙醇溶液的体积，mL；

c_{HCl} ——标准酸溶液的物质的量浓度，mol·L^{-1}。

2. 试剂

0.1 mol·L^{-1}的盐酸-乙醇标准溶液。

95%的乙醇。

0.1%溴酚蓝乙醇溶液。

3. 实验步骤

准确称量 0.3 g 胺类固化剂样品，放入 250 mL 的磨口锥形瓶中，加 95%乙醇 20 mL，溶解后加几滴指示剂（一般为 3 滴），振荡均匀，用 0.1 mol·L^{-1}的盐酸-乙醇标准溶液滴定，使指示剂由蓝色变为绿色，再滴定至变为黄绿透明光亮色即是滴定终点。

附 录

附录Ⅰ 常用指示剂

一、酸碱指示剂

指示剂名称	pH 变色范围与指示剂颜色变化	配 制 方 法
甲基紫 （第一变色范围） 1.0～1.5 （第二变色范围）	0.13～0.5 黄～绿 1.0～1.5 绿～蓝	0.1％水溶液
百里酚蓝 （第一变色范围）	1.2～2.8 红～黄	(1)0.1 g 指示剂溶于 100 mL20％乙醇中； (2)0.1 g 指示剂溶于含有 4.3 mL0.05 $mol \cdot L^{-1}$ NaOH 溶液的 100 mL 水溶液中
五甲氧基红	1.2～3.2 红紫～无色	0.1 指示剂溶于 100 mL70％乙醇中
甲基紫 （第三变色范围）	2.0～3.0 蓝～紫	0.1％水溶液
甲基橙	3.1～4.4 红～黄	0.1％水溶液
溴酚蓝	3.0～4.6 黄～蓝	(1)0.1 g 指示剂溶于 100 mL20％乙醇中； (2)0.1 g 指示剂溶于含有 3 mL0.05 $mol \cdot L^{-1}$ NaOH 溶液的 100 mL 水溶液中
刚果红	3.0～5.2 蓝紫～红	0.1％水溶液
溴酚绿	3.8～5.4 黄～蓝	(1)0.1 g 指示剂溶于 100 mL20％乙醇中； (2)0.1 g 指示剂溶于含有 2.9 mL0.05 $mol \cdot L^{-1}$ NaOH 溶液的 100 mL 水溶液中
甲基红	4.4～6.2 红～黄	0.1 或 0.2 g 指示剂溶于 100 mL60％乙醇中
四碘荧光黄	4.5～6.5 无色～红	0.1％水溶液
氯酚红	5.0～6.0 黄～红	(1)0.1 g 指示剂溶于 100 mL20％乙醇中； (2)0.1 g 指示剂溶于含有 4.7 mL0.05 $mol \cdot L^{-1}$ NaOH 溶液的 100 mL 水溶液中

续　表

指示剂名称	pH变色范围与指示剂颜色变化	配　制　方　法
溴酚红	5.0～6.8	(1)0.1 g指示剂溶于100 mL20%乙醇中； (2)0.1 g指示剂溶于含有3.9 mL0.05 $mol \cdot L^{-1}$ NaOH溶液的100 mL水溶液中
对硝基苯酚	5.6～7.6 无色～黄	0.1%水溶液
溴百里酚蓝	6.0～7.6 黄～蓝	(1)0.1 g指示剂溶于100 mL20%乙醇中； (2)0.1 g指示剂溶于含有3.2 mL0.05 $mol \cdot L^{-1}$ NaOH溶液的100 mL水溶液中
中性红	6.8～8.0 红～亮黄	0.1 g指示溶剂溶于100 mL60%乙醇中
酚　红	6.4～8.2 黄～红	(1)0.05或0.1 g指示剂溶于100 mL20%乙醇中； (2)0.05或0.1 g指示剂溶于含有5.7 mL0.05 $mol \cdot L^{-1}$ NaOH溶液的100 mL水溶液中
甲酚红	7.2～8.8 亮黄～红紫	(1)0.1 g指示剂溶于100 mL50%乙醇中； (2)0.1 g指示剂溶于含有5.3 mL0.05 $mol \cdot L^{-1}$ NaOH溶液的100 mL水溶液中
百里酚蓝 （第二变色范围）	8.0～9.6 黄～蓝	同第一变色范围
酚　酞	8.0～9.8 无色～紫红	0.1 g指示剂溶于100 mL60%乙醇中
百里酚酞	9.4～10.6 无色～蓝	0.1 g指示剂溶于100 mL90%乙醇中
硝　胺	11.0～13.0 无色～红棕	0.1 g指示溶剂溶于100 mL60%乙醇中
达旦黄	12.0～13.0 黄～红	0.1%水溶液

二、混合酸碱指示剂

混合指示剂组成	变色点pH	颜色		备　注
		酸色	碱色	
1份0.1%甲基黄乙醇溶液 1份0.1%亚甲基蓝乙醇溶液	3.28	蓝紫	绿	pH3.2蓝紫 pH3.4绿色
1份0.1%甲基橙水溶液 1份0.25%靛蓝二磺酸水溶液	4.1	紫	黄绿	

续 表

混合指示剂组成	变色点 pH	颜色		备注
		酸色	碱色	
1份0.1%溴甲酚绿钠盐水溶液 1份0.02%甲基橙水溶液	4.3	橙	蓝绿	pH3.5 黄色 pH4.0 绿色 pH4.3 蓝绿
3份0.1%溴甲基酚绿乙醇溶液 1份0.2%甲基红乙醇溶液	5.1	酒红	绿	
1份0.2%甲基红乙醇溶液 1份0.1%亚甲基蓝乙醇溶液	5.4	红紫	绿	pH5.2 红紫 pH5.4 暗蓝 pH5.6 绿色
1份0.1%氯酚红钠盐水溶液 1份0.1%苯胺蓝水溶液	5.3	绿	紫	pH5.6 淡紫色
1份0.1%溴甲酚绿钠盐水溶液 1份0.1%氯酚红钠盐水溶液	6.1	黄绿	蓝紫	pH5.4 蓝绿 pH5.8 蓝色 pH6.0 蓝微带紫 pH6.2 蓝紫
1份0.1%溴甲酚紫钠盐水溶液 1份0.1%溴百里酚蓝钠盐水溶液	6.7	黄	紫蓝	pH6.2 黄紫 pH6.6 紫 pH6.8 蓝紫
1份0.1%中性红乙醇溶液 1份亚甲基蓝乙醇溶液	7.0	蓝紫	绿	pH7.0 蓝紫
1份0.1%中性红乙醇溶液 1份0.1%溴百里酚蓝乙醇溶液	7.2	玫瑰	绿	pH7.4 暗绿 pH7.2 浅红 pH7.0 玫瑰
1份0.1%溴百里酚蓝钠盐水溶液 1份0.1%酚红钠盐水溶液	7.5	黄	紫	pH7.2 暗绿 pH7.4 淡紫 pH7.6 深紫
1份0.1%甲酚红钠盐水溶液 3份0.1%百里酚蓝钠盐水溶液	8.3	黄	紫	pH8.2 玫瑰色 pH8.4 紫色
1份0.1%百里酚蓝50%乙醇溶液 3份0.1%酚酞50%乙醇溶液	9.0	黄	紫	从黄到绿再到紫
2份0.1%百里酚酞乙醇溶液 1份0.1%茜素黄乙醇溶液	10.2	黄	绿	
2份0.2%尼罗蓝水溶液 1份0.1%茜素黄乙醇溶液	10.8	绿	红棕	

三、金属离子指示剂

指示剂名称	适宜的 pH 范围	颜色 指示剂本身	 指示剂和金属离子的络合物	配制方法
铬黑 T (EBT)	7～11	蓝	酒红	(1)1 g 铬黑 T 与 100 gNaCl 研细,混匀; (2)0.2 g 铬黑 T 溶于 15 mL 三乙醇胺及 5 mL 甲醇中; (3)0.5 g 铬黑 T 与 4.5 g 盐酸羟胺溶于无水甲醇中,并稀释至 100 mL
钙试剂 (又名铬蓝黑 R)	8～13	蓝	酒红	(1)0.2%水溶液; (2)1 g 指示剂与 100 gK_2SO_4 研细
钙指示剂	12～14	蓝	酒红	0.5 g 钙指示剂与 100 gNaCl(或 K_2SO_4)研细,混匀
酸性铬蓝 K	8～13	蓝	红	(1)1 g 指示剂与 100 gK_2SO_4 研细,混匀; (2)0.1%乙醇溶液
K-B 指示剂	8～13	蓝绿	红	(1)0.2 g 酸性铬蓝 K,0.5 g 萘酚绿 B 及 35 g 硝酸钾研细,混匀; (2)0.2 g 酸性铬蓝 K 与 0.4 g 萘酚绿 B 溶于 100 mL 水中
钙镁试剂	8～12	蓝	橙红	0.05%水溶液或 0.1%乙醇溶液
1-(2-吡啶偶氮)-2-萘酚(PAN)	2～12	黄	红	0.2%乙醇溶液
4-(2-吡啶偶氮)间苯二酚(PAR)	3～12	黄	红	0.05%或 0.2%水溶液
百里酚酞络合剂	10～12	浅灰	蓝	(1)0.5%水溶液; (2)1 g 指示剂与 100 gKNO_3 研细混匀
二甲酚橙(XO)	<6	黄	红紫	0.2%水溶液
甲基百里酚蓝	酸性溶液 7～10 10～12	黄 淡蓝 灰	蓝 红 蓝	1 g 指示剂和 100 gKNO_3 研细混匀
磺基水杨酸	2	无色	紫红	1%水溶液
紫脲酸胺	<9 9～11	紫中带红 紫	黄 粉红	(1)1%水溶液; (2)0.2 g 指示剂与 100 gNaCl 研细,混匀

四、氧化还原指示剂

指示剂名称	变色电位 $\varphi_{In}^{\theta'}$/V $[H^+]=1\ mol\cdot L^{-1}$	颜色		配制方法
		氧化态	还原态	
中性红	0.24	红色	无色	0.05 g 指示剂溶于 100 mL60%乙醇中
酚藏花红	0.28	无色	红色	0.2%水溶液
次甲基蓝	0.36	蓝色	无色	0.05%水溶液
变胺蓝	0.59 (pH=2)	无色	蓝色	0.05%水溶液
二苯胺	0.76	紫色	无色	1%浓硫酸溶液
二苯胺磺酸钠	0.85	紫红	无色	0.5%水溶液
邻苯氨基苯甲酸	1.08	紫红	无色	0.1 g 指示剂加 20 mL5%的 Na_2CO_3 溶液,用水稀释至 100 mL
邻二氮菲-亚铁	1.06	浅蓝	红色	1.485 g 邻二氮菲,0.695 g 硫酸亚铁溶于 100 mL 水中
5-硝基邻二氮菲-亚铁	1.25	浅蓝	紫红	1.608 g5-硝基邻二氮菲,0.695 g 硫酸亚铁溶于 100 mL 水中
淀粉溶液①				0.5 g 可溶性淀粉,加少许水调成浆状,不断搅拌下注于 100 mL 沸水中,微沸 1~2 min。若要保持稳定,可加入少许 HgI_2
甲基橙②				0.1%水溶液

注:①淀粉溶液本身并不具有氧化还原性,但在碘量法中作指示剂使用,淀粉与 I_3^- 生成深蓝色络合物,当 I_3^- 被还原时,深蓝色消失,因此蓝色的出现和消失可指示终点。通常称淀粉为氧化还原滴定中的特殊指示剂。

②在溴酸钾法中使用,用 $KBrO_3$ 标准溶液滴定至溶液有微过量的 Br_2 时,指示剂被氧化,结构遭到破坏,溶液褪色,即可指示终点,因颜色不能复原,所以称为不可逆指示剂。

五、沉淀滴定指示剂

指示剂名称	被测离子	滴定剂	滴定条件	颜色变化	配制方法
铬酸钾	Br^-,Cl^-	Ag^+	pH 6.5~10.5	乳白~砖红	5%水溶液
铁铵矾	Ag^+	SCN^-	0.1~1 mol·L⁻¹ HNO_3 溶液中	乳白~浅红	饱和 1 mol·L⁻¹ HNO_3 溶液(约 40%)
荧光黄	Cl^-,Br^-,I^-	Ag^+	pH 7~10	黄绿~粉红	0.2%乙醇溶液或 1%钠盐水溶液
二氯荧光黄	Cl^-,Br^-,I^-	Ag^+	pH 4~10	黄绿~红	1%钠盐水溶液
曙红	Br^-,I^-,SCN^-	Ag^+	pH 2~10	橙红~红紫	1%钠盐水溶液
罗丹明 6G	Ag^+	Br^-	酸性溶液	橙~红紫	0.1%水溶液
茜素红 S	SO_4^{2-}	Ba^{2+}	pH 2~3	白~红	0.05%或 0.2%水溶液

附录Ⅱ 常用缓冲溶液的配制

缓冲溶液组成	(pK_a)	缓冲液 pH	缓冲溶液配制方法
氨基乙酸-HCl	2.35 (pK_{a1})	2.3	取 150 g 氨基乙酸溶于 500 mL 水中后,加 80 mL 浓 HCl,用水稀释至 1 L
H_3PO_4-柠檬酸盐		2.5	取 113 g$Na_2HPO_4 \cdot 12H_2O$ 溶于 200 mL 水后,加 387 g 柠檬酸,溶解后,稀释至 1 L
一氯乙酸-NaOH	2.86	2.8	取 200 g 一氯乙酸,溶于水 200 mL 水中,加 40 gNaOH 溶解后,稀释至 1 L
邻苯二甲酸氯钾-HCl	2.95 (pK_{a1})	2.9	取 500 g 邻苯二甲酸氢钾,溶于 500 mL 水中,加 80 mL 浓 HCl,稀释至 1 L
甲酸-NaOH	3.76	3.7	取 95 g 甲酸和 40 gNaOH,于 500 mL 水中溶解,稀释至 1 L
HAc-NH_4Ac	4.74	4.5	取 27 gNH_4Ac 溶于 200 mL 水中,加 59 mL 冰 HAc,稀释至 1 L
HAc-NaAc	4.74	4.7	取 83 g 无水 NaAc,溶于水中,加 60 mL 冰 HAc,稀释至 1 L
HAc-NaAc	4.74	5.0	取 160 g 无水 NaAc,溶于水中,加 60 mL 冰 HAc,稀释至 1 L
HAc-NH_4Ac	4.74	5.0	取 250 gNH_4Ac,溶于水中,加 25 mL 冰 HAc,稀释至 1 L
六亚甲基四胺-HCl	5.15	5.4	取 40 g 六亚甲基四胺,溶于 200 mL 水中,加 10 mL 浓 HCl,稀释至 1 L
HAc-NH_4Ac	4.74	6.0	取 600 gNH_4Ac 溶于水中,加 20 mL 冰 HAc,稀释至 1 L
NaAc-磷酸盐		8.0	取 50 g 无水 NaAc 和 50 g$Na_2HPO_4 \cdot 12H_2O$,溶于水中,稀释至 1 L
Tris-HCl	8.21	8.2	取 25 gTris 试剂,溶于水中,加 8 mL 浓 HCl,稀释至 1 L
NH_3-NH_4Cl	9.26	9.2	取 54 gNH_4Cl,溶于水中,加 63 mL 浓氨水,稀释至 1 L
NH_3-NH_4Cl	9.26	9.5	取 54 gNH_4Cl,溶于水中,加 126 mL 浓氨水,稀释至 1 L
NH_3-NH_4Cl	9.26	10.0	54 gNH_4Cl,溶于水中,加 350 mL 浓氨水,稀释至 1 L

注:①缓冲溶液配制后可用 pH 试纸检查,如 pH 值不对,可用共轭酸或碱调节,欲精确调节 pH 值时,可用 pH 计调节。

②若需增加或减少缓冲溶液的缓冲容量,可相应增加或减少共轭酸碱对物质的量,再调节之。

③Tris 为三羟甲基氨基甲烷的缩写。

附录Ⅲ pH值测定用标准缓冲溶液

名称	标准缓冲溶液制备①	不同温度(℃)时各标准缓冲溶液的pH值								
		0	5	10	15	20	25	30	35	40
草酸盐标准缓冲溶液	$c[KH_3(C_2O_4)_2 \cdot 2H_2O]$为0.05 mol/L。称取12.71 g四草酸钾$[KH_3(C_2O_4)_2 \cdot 2H_2O]$溶于无二氧化碳的水中,稀释至1 000 mL	1.67	1.67	1.67	1.67	1.68	1.68	1.69	1.69	1.69
酒石酸盐标准缓冲溶液	在25℃时,用无二氧化碳的水溶解外消旋的酒石酸氢钾($KHC_4H_4O_6$),并剧烈振扔至饱和溶液	—	—	—	—	—	3.56	3.55	3.55	3.55
苯二甲酸盐标准缓冲溶液	$c(C_6H_4CO_2HCO_2K)$为0.05 mol/L。称取10.21 g于110℃干燥1 h的邻苯二甲酸氢钾($C_6H_4CO_2HCO_2K$),溶于无二氧化碳的水,稀释至1 000 mL	4.00	4.00	4.00	4.00	4.00	4.01	4.01	4.02	4.04
磷酸盐标准缓冲溶液	称取3.40 g磷酸二氢钾(KH_2PO_4)和3.55 g磷酸氢二钠(Na_2HPO_4),溶于无二氧化碳的水,稀释至1 000 mL。磷酸二氢钾和磷酸氢二钠需预先在(120±10)℃干燥2 h。此溶液的浓度$c(KH_2PO_4)$为0.025 mol/,$c(Na_2HPO_4)$为0.025 mol/L	6.98	9.95	6.92	6.90	6.88	6.86	6.85	6.84	6.84
硼酸盐标准缓冲溶液	$c(Na_2B_4O_7 \cdot 10H_2O)$为0.01 mol/L,称取3.81 g硼砂($Na_2B_4O_7 \cdot 10H_2O$),溶于无二氧化碳的水,稀释至1 000 mL,存放时应防止空气中二氧化碳进入	9.46	9.40	9.33	9.27	9.22	9.18	9.14	9.10	9.06
氢氧化钙标准缓冲溶液	于25℃用无二氧化碳的水制备氢氧化钙的饱和溶液。氢氧化钙溶液的浓度$\left\{c\left[\frac{1}{2}Ca(OH)_2\right]\right\}$应在0.040 0～0.041 2 mol/L。氢氧化钙溶液的浓度可以酚红为指示剂,用盐酸标准溶液[$c(HCl)=0.1$ mol/L]滴定测出。存放时应防止空气中二氧化碳进入。一旦出现浑浊,应弃去重配	13.42	13.21	13.00	12.81	12.63	12.45	12.30	12.14	11.98

注:①上述标准缓冲溶液必须用pH基准试剂配制,见中华人民共和国国家标准GB 9724－88《化学试剂 pH值测定通则》。

附录Ⅳ 常用浓酸、浓碱的密度和浓度

试剂名称	密度/($g \cdot mL^{-1}$)	含量/(%)	浓度/($mol \cdot L^{-1}$)
盐 酸	1.18～1.19	36～38	11.6～12.4
硝 酸	1.39～1.40	65.0～68.0	14.4～15.2
硫 酸	1.83～1.84	95～98	17.8～18.4
磷 酸	1.69	85	14.6
高氯酸	1.68	70.0～72.0	11.7～12.0
冰醋酸	1.05	99.8(优级纯) 99.5(分析纯) 99.0(化学纯)	17.4
氢氟酸	1.13	40	22.5
氢溴酸	1.49	47.0	8.6
氨 水	0.88～0.90	25.0～28.0	13.3～14.8

附录Ⅴ 常用基准物质的干燥条件和应用

基准物质		干燥后组成	干燥条件/℃	标定对象
名 称	分子式			
碳酸氢钠	$NaHCO_3$	Na_2CO_3	270～300	酸
碳酸钠	$Na_2CO_3 \cdot 10H_2O$	Na_2CO_3	270～300	酸
硼 砂	$Na_2B_4O_7 \cdot 10H_2O$	$Na_2B_4O_7 \cdot 10H_2O$	放在含 NaCl 和蔗糖饱和溶液的干燥器中	酸
碳酸氢钾	$KHCO_3$	K_2CO_3	270～300	酸
草 酸	$H_2C_2O_4 \cdot 2H_2O$	$H_2C_2O_4 \cdot 2H_2O$	室温空气干燥	碱或 $KMnO_4$
邻苯二甲酸氢钾	$KHC_8H_4O_4$	$KHC_8H_4O_4$	110～120	碱
重铬酸钾	$K_2Cr_2O_7$	$K_2Cr_2O_7$	140～150	还原剂
溴酸钾	$KBrO_3$	$KBrO_3$	130	还原剂
碘酸钾	KIO_3	KIO_3	130	还原剂
铜	Cu	Cu	室温干燥器中保存	还原剂
三氧化二砷	As_2O_3	As_2O_3	同上	氧化剂
草酸钠	$Na_2C_2O_4$	$Na_2C_2O_4$	130	氧化剂

续 表

基准物质		干燥后组成	干燥条件/℃	标定对象
名 称	分子式			
碳酸钙	$CaCO_3$	$CaCO_3$	110	EDTA
锌	Zn	Zn	室温干燥器中保存	EDTA
氧化锌	ZnO	ZnO	900～1 000	EDTA
氯化钠	NaCl	NaCl	500～600	$AgNO_3$
氯化钾	KCl	KCl	500～600	$AgNO_3$
硝酸银	$AgNO_3$	$AgNO_3$	280～290	氯化物
氨基磺酸	$HOSO_2NH_2$	$HOSO_2NH_2$	在真空 H_2SO_4 干燥器中保存 48 h	碱
氟化钠	NaF	NaF	铂坩埚中 500～550℃下保存 40～50 min 后，H_2SO_4 干燥器中冷却	

附录Ⅵ 元素的相对原子质量

元素	符号	相对原子质量	元素	符号	相对原子质量	元素	符号	相对原子质量
银	Ag	107.87	铬	Cr	51.996	碘	I	126.90
铝	Al	26.982	铯	Cs	132.91	铟	In	114.82
氩	Ar	39.948	铜	Cu	63.546	铱	Ir	192.22
砷	As	74.922	镝	Dy	162.50	钾	K	39.098
金	Au	196.97	铒	Er	167.26	氪	Kr	83.80
硼	B	10.811	铕	Eu	151.96	镧	La	138.91
钡	Ba	137.33	氟	F	18.998	锂	Li	6.941
铍	Be	9.012 2	铁	Fe	55.845	镥	Lu	174.97
铋	Bi	208.98	镓	Ga	69.723	镁	Mg	24.305
溴	Br	79.904	钆	Gd	157.25	锰	Mn	54.938
碳	C	12.011	锗	Ge	72.61	钼	Mo	95.94
钙	Ca	40.078	氢	H	1.007 9	氮	N	14.007
镉	Cd	112.41	氦	He	4.002 6	钠	Na	22.990
铈	Ce	140.12	铪	Hf	178.49	铌	Nb	92.906
氯	Cl	35.453	汞	Hg	200.59	钕	Nd	144.24
钴	Co	58.933	钬	Ho	164.93	氖	Ne	20.180

续表

元素	符号	相对原子质量	元素	符号	相对原子质量	元素	符号	相对原子质量
镍	Ni	58.693	钌	Ru	101.07	钛	Ti	47.867
镎	Np	237.05	硫	S	32.066	铊	Tl	204.38
氧	O	15.999	锑	Sb	121.76	铥	Tm	168.93
锇	Os	190.23	钪	Sc	44.956	铀	U	238.03
磷	P	30.974	硒	Se	78.96	钒	V	50.942
铅	Pb	207.2	硅	Si	28.086	钨	W	183.84
钯	Pd	106.42	钐	Sm	150.36	氙	Xe	131.29
镨	Pr	140.91	锡	Sn	118.71	钇	Y	88.906
铂	Pt	195.08	锶	Sr	87.62	镱	Yb	173.04
镭	Ra	226.03	钽	Ta	180.95	锌	Zn	65.39
铷	Rb	85.468	铽	Tb	158.9	锆	Zr	91.224
铼	Re	186.21	碲	Te	127.60			
铑	Rh	102.91	钍	Th	232.40			

附录Ⅶ 常用化合物的相对分子质量

化合物	M_r	化合物	M_r	化合物	M_r
$AgAsO_4$	462.52	$BaCl_2 \cdot 2H_2O$	244.27	H_3AsO_3	125.94
$AgBr$	187.77	$BaCrO_4$	253.32	H_3AsO_4	141.94
$AgCl$	143.32	$BaSO_4$	233.39	H_3BO_3	61.83
$AgCN$	133.89	$BiCl_3$	315.34	HBr	80.91
$AgSCN$	165.95	CO_2	44.01	HCN	27.03
Ag_2CrO_4	331.73	CaO	56.08	$HCOOH$	46.03
AgI	234.77	$CaCO_3$	100.09	CH_3COOH	60.05
$AgNO_3$	169.87	CaC_2O_4	128.10	H_2CO_3	62.03
Al_2O_3	101.96	$CaCl_2$	110.99	$H_2C_2O_4$	90.04
As_2O_3	197.84	$CaCl_2 \cdot 6H_2O$	219.08	$H_2C_2O_4 \cdot 2H_2O$	126.07
As_2O_5	229.84	$Ca_3(PO_4)_2$	310.18	HCl	36.46
As_2S_3	246.02	Fe_2O_3	159.69	HF	20.01
$BaCO_3$	197.34	Fe_3O_4	231.54	HI	127.91
$BaCl_2$	208.24	$FeSO_4 \cdot 7H_2O$	278.01	HIO_3	175.91

续 表

化合物	M_r	化合物	M_r	化合物	M_r
HNO_3	63.01	$MgNH_4PO_4$	137.32	$NaNO_2$	69.00
HNO_2	47.01	MgO	40.30	$NaNO_3$	85.00
H_2O	18.015	$Mg(OH)_2$	58.32	Na_2O	61.98
H_2O_2	34.02	$Mg_2P_2O_7$	222.55	Na_2O_2	77.98
H_3PO_4	98.00	$Mn(NO_3)_2 \cdot 6H_2O$	287.04	$NaOH$	40.00
H_2SO_4	98.07	MnO	70.94	Na_3PO_4	163.94
$HgCl_2$	271.50	MnO_2	86.94	$Na_2S_2O_3$	158.10
Hg_2Cl_2	472.09	MnS	87.00	$Na_2S_2O_3 \cdot 5H_2O$	248.17
$Hg(NO_3)_2$	324.60	$MnSO_4$	151.00	$NiCl_2 \cdot 6H_2O$	237.70
$KAl(SO_4)_2 \cdot 12H_2O$	474.38	$MnSO_4 \cdot 4H_2O$	223.06	NiO	74.70
KBr	119.00	NO	30.01	P_2O_5	141.95
$KBrO_3$	167.00	NO_2	46.01	$PbCO_3$	267.21
KCl	74.55	NH_3	17.03	PbC_2O_4	295.22
$KClO_3$	122.55	NH_4Cl	53.49	$PbCl_2$	278.11
$KClO_4$	138.55	NH_4SCN	76.12	$PbCrO_4$	323.19
KCN	65.12	NH_4HCO_3	79.06	$Pb(CH_3COO)_2$	325.29
$KSCN$	97.18	$(NH_4)_2MoO_4$	196.01	$Pb(CH_3COO)_2 \cdot 3H_2O$	379.34
K_2CO_3	138.231	NH_4NO_3	80.04	PbI_2	461.01
K_2CrO_4	194.19	$(NH_4)_2SO_4$	132.13	$Pb(NO_3)_2$	331.21
$K_2Cr_2O_7$	294.18	NH_4VO_3	116.98	PbO	223.20
$KFe(SO_4)_2 \cdot 12H_2O$	503.24	Na_3AsO_3	191.89	SO_3	80.06
$KHC_8H_4O_4$	204.2	$Na_2B_4O_7 \cdot 10H_2O$	381.37	SO_2	64.06
$KHC_4H_4O_5$	188.18	$NaCN$	49.01	$SbCl_3$	228.11
KI	166.00	$NaSCN$	81.07	$SbCl_5$	299.02
KIO_3	214.00	Na_2CO_3	105.99	Sb_2O_3	291.50
$KIO_3 \cdot HIO_3$	389.91	$Na_2CO_3 \cdot 10H_2O$	286.14	Sb_2S_3	339.68
$KMnO_4$	158.03	$Na_2C_2O_4$	134.00	SiF_4	104.08
$KNaC_4H_4O_6 \cdot 4H_2O$	282.22	CH_3COONa	82.03	SiO_2	60.08
KNO_3	101.10	$CH_3COONa \cdot 3H_2O$	136.08	SnO_2	150.69
K_2O	94.20	$NaCl$	58.44	$Sr(NO_3)_2$	211.63
KOH	56.11	$NaClO$	74.44	$Sr(NO_3)_2 \cdot 4H_2O$	283.69
K_2SO_4	174.25	$NaHCO_3$	84.01	$SrSO_4$	183.69
$MgCO_3$	84.31	$Na_2HPO_4 \cdot 12H_2O$	358.14	$UO_2(CH_3COO)_2 \cdot 2H_2O$	424.15
$MgCl_2$	95.21	$Na_2H_2Y \cdot 2H_2O$	372.24	$ZnCO_3$	125.39

续表

化合物	Mr	化合物	Mr	化合物	Mr
ZnC_2O_4	153.40	$Zn(CH_3COO)_2 \cdot 2H_2O$	219.50	ZnS	97.44
$ZnCl_2$	136.29	$ZnSO_4$	161.44	$ZnSO_4 \cdot 7H_2O$	287.55
$Zn(CH_2COO)_2$	183.47	ZnO	81.38	丁二酮肟(H_2D)	116.2

附录Ⅷ 化学分析实验基本操作考查评分表(以扣分计)

一、分析天平称量操作

分析天平和称量操作	1. 称量前的准备： (1)清扫托盘，检查水平，调零，否则－1 分； (2)关门读数，否则－1 分
	2. 差减法称量操作： (1)称量瓶(含称量瓶盖)应用纸条夹裹，不能用手直接接触，否则－1分； (2)样品洒落天平内外，但清洁处理不扣分，否则－1 分； (3)样品的倾倒用敲击倾倒法，打开瓶盖、敲击、合上瓶盖均需在烧杯上方进行，否则－1 分
	3. 天平使用完毕后的复原： 称量结束，取出容量瓶，关门，归零，否则－1 分
	4. 称量样品应在规定的称量范围内，超出范围可重称不扣分，否则－1分

二、试样溶解、溶液转移及定容操作

试样溶解、溶液转移及定容操作	1. 试样要在搅拌下溶解完全后转移，否则－1 分
	2. 溶液转移： (1)要用玻璃棒引流，溶液不能溅出容量瓶外，否则－1 分； (2)溶液转移结束前，玻璃棒离开烧杯放在桌面或其他地方，－1 分； (3)溶液转移完毕，用蒸馏水冲洗烧杯、玻璃棒至少三次，确保试样全部转移到容量瓶中，否则－1 分
	3. 容量瓶没有试漏，使用过程中漏液，－1 分
	4. 定容： (1)用水稀释到刻度，不要超容量瓶刻线，否则－1 分 (2)溶液稀释到刻线前不允许盖上容量瓶塞子，否则－1 分
	5. 稀释到刻度后，倒立容量瓶，混合摇匀 2～3 次，否则－1 分

三、移液管操作

移液管操作	1. 移液管洗涤、待吸液润洗： 先用自来水洗涤(内壁不挂水珠)，再用去离子水和待吸液各润洗 3 次，否则－1 分
	2. 吸液，调液与放液； (1)移液管不能吸空，否则－1 分； (2)调液时移液管管身垂直，管尖与容量瓶内壁接触，不能悬空，否则－1 分； (3)调液时眼睛与刻线在同一水平，否则－1 分； (4)放液时移液管管身垂直，管尖与容器内壁接触，不能悬空，否则－1 分； (5)放夜完毕，等候约 10～15 s，取出移液管(残留管尖的溶液，不必吹出)，否则－1 分

四、滴定操作

滴定操作	1. 滴定管的洗涤和润洗 (1)先用自来水洗涤(内壁不挂水珠)，再用去离子水和滴定剂溶液各润洗 3 次，否则－1 分； (2)滴定剂直接从试剂瓶倒入滴定管，否则(如先倒入烧杯，再倒入滴定管)－1 分； (3)滴定管排气泡，否则－1 分； (4)调零：液面介于 0～1 mL 之间，否则－1 分
	2. 滴定操作： (1)左手控制滴定管且手势正确，右手握锥形瓶，滴定时应使滴定管尖嘴部分插入锥形瓶瓶口下 1～2 cm，否则－1 分。 (2)边滴定，边摇动锥形瓶(应向同一方向作圆周旋转，不应前后振摇)，同时眼睛观察溶液颜色的变化，否则－1 分。 (3)滴定速度的把握与终点观察： 1)滴定速度以每秒 3～4 滴为宜，不可成液柱流下，否则－1 分； 2)临近终点时，控制滴定剂半滴加入，并冲洗锥形瓶内壁，否则－1 分。 (4)终点颜色正确，否则－1 分。 (5)平行滴定应使用同一段滴定管，否则－1 分。 (6)滴定过程中漏液，－1 分
	3. 读数(包括初读数和末读数)和记录 (1)调零或滴定结束，等待 5～10 s 后读数，并及时记录。否则－1 分； (2)读数时，取下滴定管，并呈垂直状态，刻度线凹月面与眼睛水平(对深色溶液需读两侧最高点)，否则－1 分； (3)读数至小数点后第 2 位，否则－1 分

参考文献

[1] 武汉大学. 分析化学实验:上册[M].5 版.北京:高等教育出版社,2011.

[2] 北京大学化学与分子工程学院分析化学教学组. 基础分析化学实验[M].3 版.北京:北京大学出版社,2007.

[4] 金谷,姚奇志,江万权,等. 分析化学实验[M].合肥:中国科学技术大学出版社,2010.

[5] 郭伟强,张培敏,边平凤,等. 分析化学手册[M].3 版.北京:化学工业出版社,2016.

[6] 武汉大学. 分析化学:上册[M].5 版.北京:高等教育出版社,2015.

[7] 马忠革,李秀萍,宫小杰,等. 分析化学实验[M].5 版.北京:清华大学出版社,2011.

[8] 黄应平,David M J,贾漫珂,等. 分析化学实验:英汉双语教材[M]. 武汉:华中师范大学出版社,2012.